HAND
AND
WRIST
WARMER

HAND
AND
WRIST
WARMER

HAND
AND
WRIST
WARMER

HAND
AND
WRIST
WARMER

經典花樣＆玩色北歐

棒針直線編的
無指手套＆袖套

 日本VOGUE社 ◎ 編著

Contents

A 織入圖案＆蕾絲花樣手套……4

B 繽紛幾何手套……6

C 森林系大地色長版手套……8

D 費爾島織入圖案手套……9

E 艾倫花樣手套……10

F 艾倫花樣長版手套……11

G 閃亮串珠腕套……12

H 蕾絲花樣腕套……13

I 四色粉彩手套……14

J 條紋撞色手套　粉紅×杏色……16

K 條紋撞色手套　綠色×灰色……17

L 水玉＆條紋手套　紅色×米白……18

M 水玉＆條紋手套　黃色×淺褐……19

N 鑽石圖案手套……20

O 鋸齒圖案手套……21

P 雙面圖案手套……22

Q 段染流蘇手套……23

R 花朵圖案手套……24

S 懷舊圖案手套……25

T 螺紋長版手套……26

U 毛茸環編腕套……27

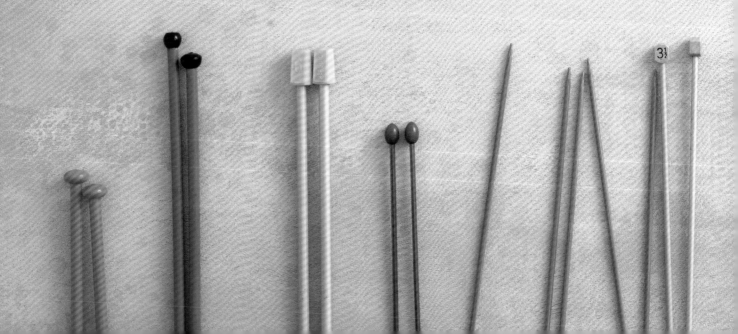

織法LESSON……28

本書使用線材……32

作品織法……34

棒針編織基礎……74

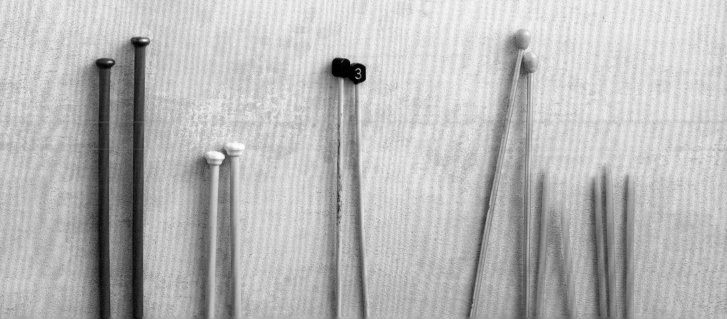

A 　織入圖案＆蕾絲花樣手套

露指手套是配戴時指尖依然活動自如，使用
超方便的手套。編織起來也很輕鬆。似乎會
成為今年冬季再也不離手的重要配飾呢！

設計…すぎやまとも　線材…DARUMA iroiro
how to make p.34

繽紛幾何手套

B 色彩繽紛的配色，存在感十足的設計。搭配
簡單素雅的毛衣或外套，就能讓整體穿搭產
生畫龍點睛的效果。

設計⋯すぎやまとも　線材⋯DARUMA iroiro
how to make p.35

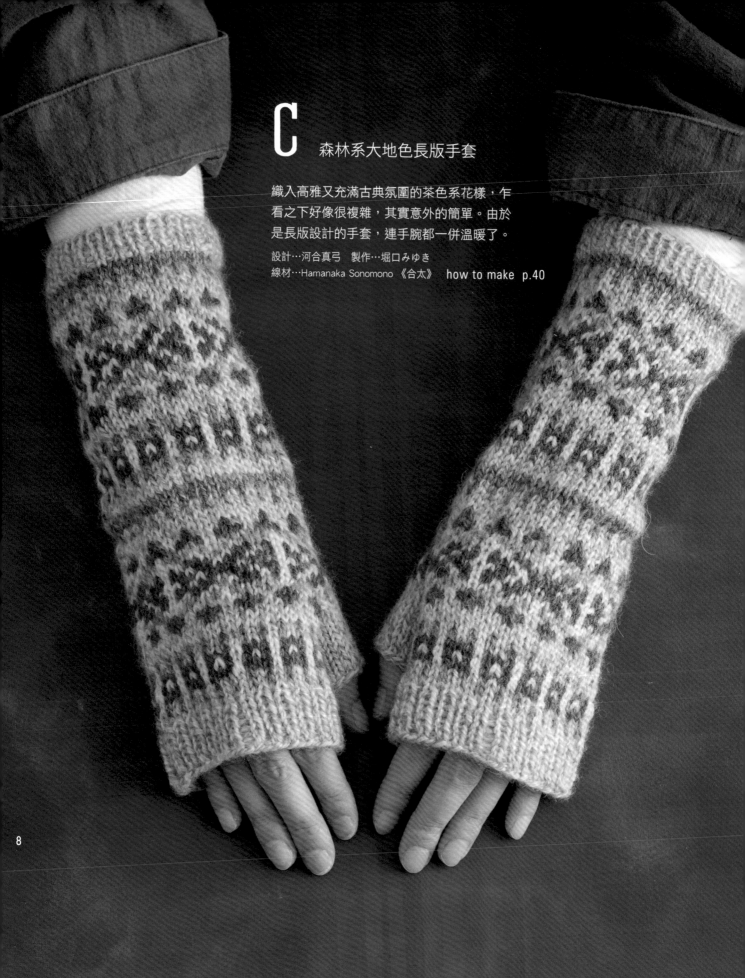

C

森林系大地色長版手套

織入高雅又充滿古典氛圍的茶色系花樣，乍
看之下好像很複雜，其實意外的簡單。由於
是長版設計的手套，連手腕都一併溫暖了。

設計…河合真弓　製作…堀口みゆき
線材…Hamanaka Sonomono《合太》　how to make　p.40

費爾島織入圖案手套

D 蘇格蘭費爾島的傳統圖案歷久彌新，不受潮流影
響，是不分年齡層都適合的冬季基本款。並且還
是能夠將日常穿著襯托得更耀眼的萬能配件。

設計…河合真弓　製作…堀口みゆき
線材…Hamanaka Sonomono《合太》、Exceed Wool FL《合太》
how to make　p.42

how to make　p.42

艾倫花樣手套

E 永遠的經典款──艾倫花樣。在側邊加針作出的拇指襠份，讓配戴時更舒適。拇指部分的織法請見詳細步驟解說。

設計…岡まり子　製作…指田容子
線材…Hamanaka Sonomono Alpaca Wool《並太》
how to make　p.44

F

艾倫花樣長版手套

與 E 款相同設計的長版手套。立體感十足
的交叉花樣，越往手腕越顯貼合。是寒冬
季節最活躍的配件。

設計…岡まり子　製作…指田容子
線材…Hamanaka Sonomono Alpaca Wool《並太》
how to make　p.45

G

閃亮串珠腕套

閃耀著晶亮光芒的串珠，充滿少女情懷。
無論是疊套在毛衣袖口，或是作為洋裝的
搭配袖套皆可，用途非常廣泛。

設計⋯河合真弓　製作⋯栗原由美
線材⋯Hamanaka Alpaca Mohair Fine
how to make　p.50

H 蕾絲花樣腕套

如同飾品般,令人想要配戴的腕套。只是
重複編織花樣的織法非常簡單。十分推薦
初學者嘗試編織的單品。

設計…河合真弓　製作…栗原由美
線材…Hamanaka Sonomono Alpaca Lily
how to make　p.51

四色粉彩手套

拼接異材質線材,或使用雙線編織……透
過織線的組合運用,平凡的花樣也能織出
充滿個人風格的創意。

設計…野口智子(eccomin)
線材…Hamanaka Exceed Wool L《並太》、
Sonomono《合太》、Alpaca Mohair Fine、Tino
how to make p.52

I

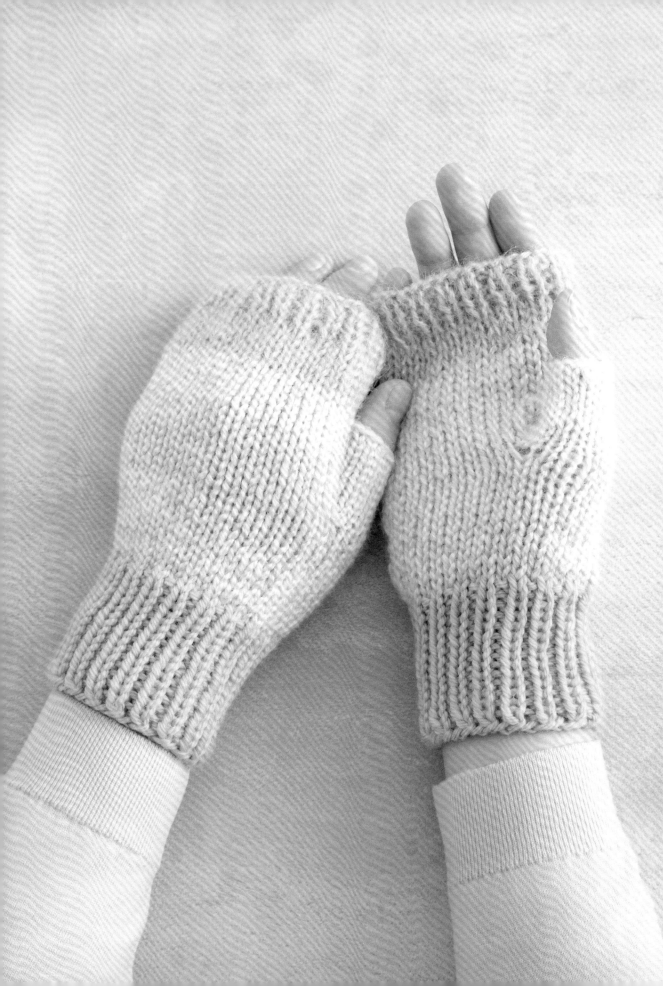

條紋撞色手套　粉紅×杏色

準備換季進入冬天時，從比較輕鬆的平面
針條紋手套開始編織吧！亮麗色彩讓冬季
外出時更開心了。此為女士尺寸。

設計…野口智子（eccomin）
線材…DARUMA 近似原毛的美麗諾羊毛
how to make　p.54

J

條紋撞色手套　綠色×灰色

K　J 款相同設計的男士尺寸。
戴著露指手套仍然可以直接操作手機，
真的好方便呢！

設計…野口智子（eccomin）
線材…DARUMA 近似原毛的美麗諾羊毛
how to make　p.56

水玉&條紋手套　紅色×米白

甜美可愛，宛如糖果包裝紙的圖案。
直線編織後縫合即完成，由於不需要編
織拇指部分，一眨眼的功夫就能完成。

設計…野口智子（eccomin）
線材…Ski Tasmanian Polwarth
how to make　p.58

M 水玉＆條紋手套　黃色×淺褐

L 款不同配色，可配合服飾多織幾雙更
方便穿搭。當作禮物送人也很討喜。

設計…野口智子（eccomin）
線材…Ski Tasmanian Polwarth　how to make　p.58

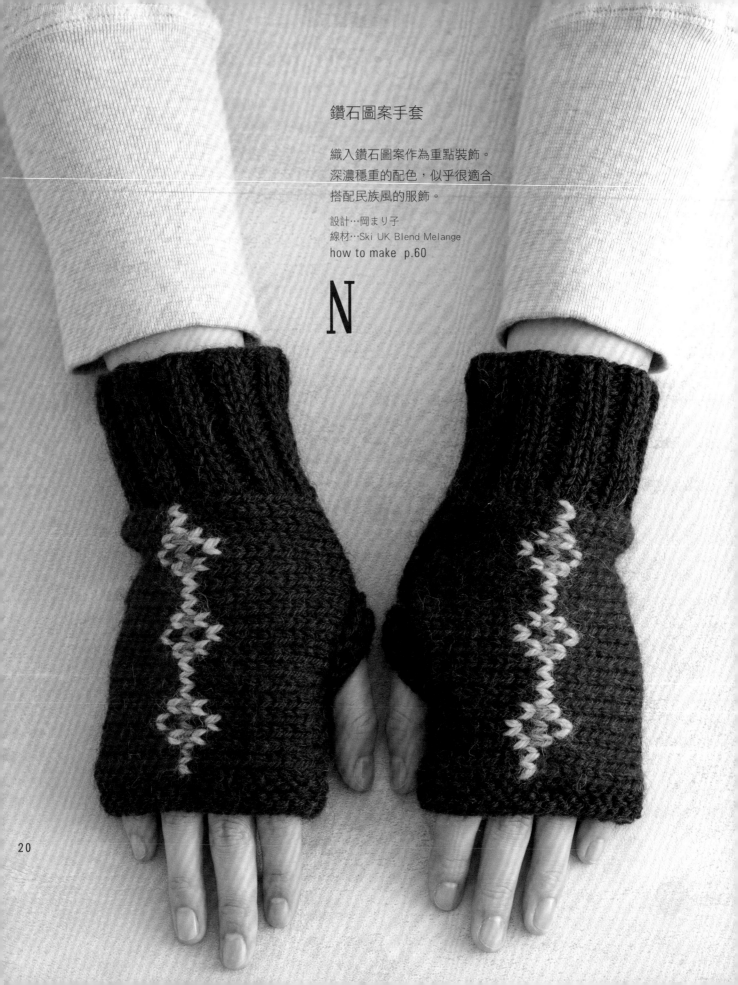

鑽石圖案手套

織入鑽石圖案作為重點裝飾。
深濃穩重的配色，似乎很適合
搭配民族風的服飾。

設計⋯岡まり子
線材⋯Ski UK Blend Melange
how to make　p.60

N

O 鋸齒圖案手套

使用兩色織線交互編織的鋸齒圖案，
成為特別厚實而暖度倍增的手套。
令人期待下雪的日子快快到來。

設計…岡まり子　製作…指田容子
線材…Ski UK Blend Melange
how to make　p.62

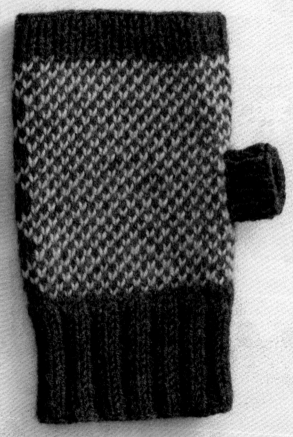

雙面圖案手套

P　手掌與手背，正反兩面編織了不同花
樣的纖細幾何圖案，織好手套後，再
以平面針刺繡完成粉紅的亮眼配色。

設計⋯岡まり子
線材⋯Ski Tasmanian Polwarth
how to make　p.64

Q 段染流蘇手套

活用段染線的美麗色彩，配合色調裝上流蘇，
打造出優雅漂亮的設計。完成手套之後才加上
流蘇，因此長度與條數都可隨個人喜好增減。

設計⋯岡まり子
線材⋯Ski Fantasia ATLA
how to make p.61

23

花朵圖案手套

R

以粉紅色與黃色交織成色彩鮮豔的花朵圖案。
在圖案之間織入上針，增添了立體感。
盡情享受手織技法帶來的編織樂趣吧！

設計…岡本真希子
線材…DARUMA Merino style 並太
how to make　p.66

S

懷舊圖案手套

充滿懷舊氛圍的編織花樣。
以明亮的藍白紅三色，編織
出濃濃的法式風情。

設計⋯岡本真希子
線材⋯Ski Tasmanian Polwarth
how to make p.68

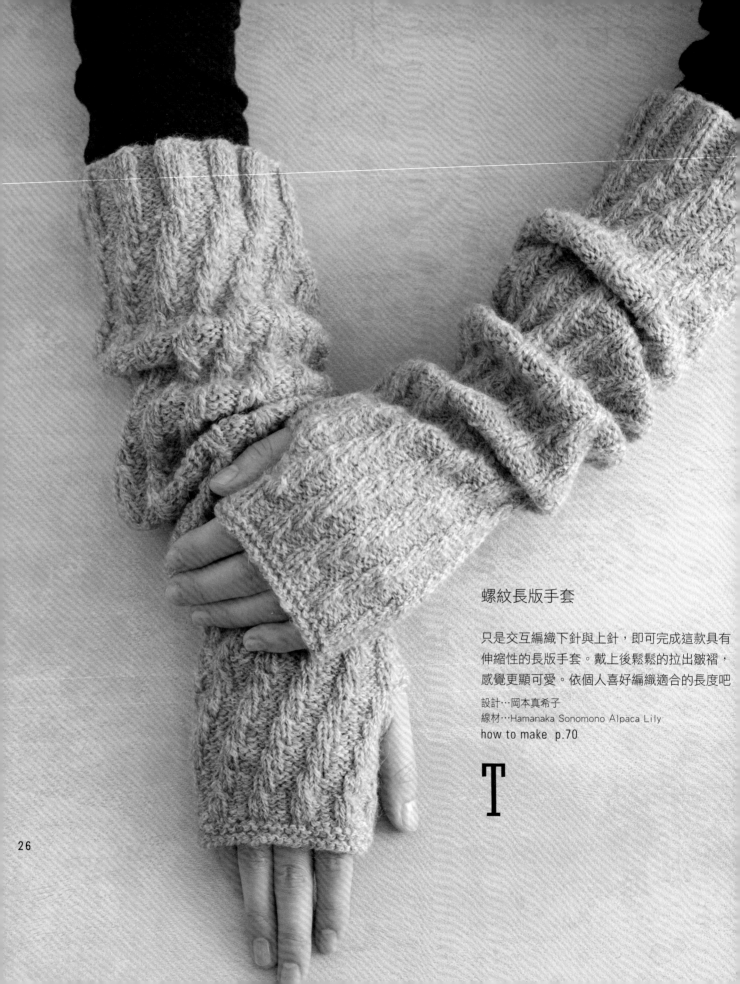

螺紋長版手套

只是交互編織下針與上針，即可完成這款具有
伸縮性的長版手套。戴上後鬆鬆的拉出皺褶，
感覺更顯可愛。依個人喜好編織適合的長度吧

設計…岡本真希子
線材…Hamanaka Sonomono Alpaca Lily
how to make p.70

T

毛茸環編腕套

U 環編是在手指上繞線後編織，過程樂趣無窮的織法。將毛茸茸的部分套在袖口，即可避免冷風吹入。

設計…岡本真希子
線材…Hamanaka Exceed Wool L《並太》、
Alpaca Mohair Fine《漸層》
how to make p.72

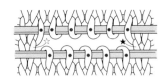

● = 挑針針目

☆・★ = 挑扭針

＊別線使用粗細與編織線相同，且表面光滑不易糾結的線材。
＊為了讓解說更清晰易懂，主體改以原色、拇指改以淺褐色編織。

織入別線

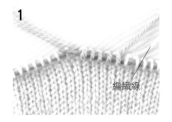

1

編織線暫休針，改以別線編織拇指孔的5針。

2

以別線編織的5針移至左棒針上，繼續以暫休針的編織線織到最後。

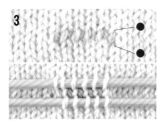

3

取兩枝棒針，分別從別線右側的●號開始挑針（參照上圖）。下挑5針，上挑6針。

拆除別線

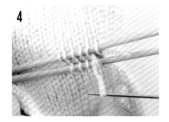

4

以毛線針一針一針的挑出別線。

編織第1段

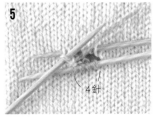

5

4針

將挑出的針目平均分至3枝棒針上，由最底下的棒針開始編織拇指的第1段。完成4針的模樣。

☆號處織扭加針

6

編織5針後，右棒針依箭頭指示由外往內挑起☆號處的線。

7

挑針後直接移至左棒針上。

8

右棒針由內往外穿入移動的針目，織扭針。

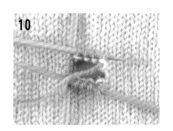

9

完成扭加針。

10

編織棒針上的針目，織到最後。

★號處織扭加針

11

最後一針同步驟**6**，在★號處挑針織扭加針。

12

完成第1段。參照p.53的記號圖繼續編織。

螺紋長版手套　p.26　〈拇指孔的收縫〉 how to make p.70

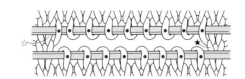

●＝挑針針目

☆‧★＝挑扭針

＊為了讓解説更清晰易懂，花樣編改織平面針，套收針改以原色編織。

織入別線

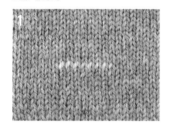

1

同左頁步驟**1**至**3**，以別線編織拇指孔的8針。

拆除別線

2

以棒針下挑8針，上挑9針（參照上圖）。再將針目平均分至3枝棒針上。

織套收針

3

由最底下的棒針開始織套收針。織2針下針後，以左棒針挑起第1針，套住第2針。

4

完成1針套收針。

5

重複「編織下針後，以前一針覆蓋」的動作。

☆號處織扭加針

6

以右棒針挑起☆號處的線，移至左棒針上。

7

右棒針由外往內穿入針目後，織扭針。

8

完成扭加針後，以前一針套住。

★號處織扭加針

9

★號處同樣織扭加針（參照p.28步驟**11**）。預留約10cm線頭後剪線。

收縫最後針目

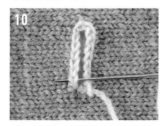

10

線頭穿入毛線針，如圖示挑縫第1針。

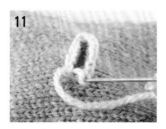

11

毛線針穿回最後針目中央，穿向織片背面。

12

縫針穿至織片背面後收針藏線。

29

艾倫花樣手套　p.10-11　〈拇指加針法〉　how to make　p.44-49

E·F

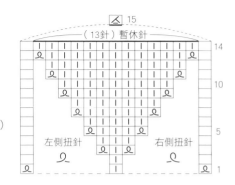

☑ = 下針

☐ = ﹣ 上針

☒ = 左上2併針（上針）

☊·☊ = 扭加針

注意扭針方向

☒ 15

（13針）暫休針

14

10

左側扭針　　右側扭針

5

1

右側的扭加針

1

右棒針依箭頭指示，由外往內挑起針目之間的渡線。

2

挑針後直接移至左棒針上。

3

右棒針依箭頭指示，由內往外穿過移動的針目，織下針。

4

完成右側的扭加針。

左側的扭加針

5

右棒針依箭頭指示，由內往外挑起針目之間的渡線。

6

挑針後直接移至左棒針上。

7

右棒針由內往外穿入移動針目，織下針。

8

完成左側扭加針。

上針的左上2併針

9

於指定位置進行扭加針，編織至14段。

10

編織第15段上針的左上2併針，右棒針由外往內一次穿入2針目，織上針。

11

完成上針的左上2併針。接著繼續以輪編編織本體。

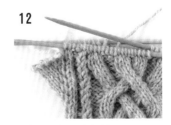

12

完成拇指部分的加針。

□ = Ｉ 下針
− = 上針

配色
□ = 灰色
□ = 藍色系段染
⊙ = 藍色系段染的環編

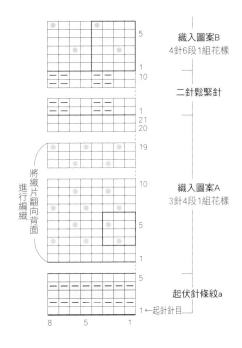

織入圖案B
4針6段1組花樣

二針鬆緊針

織入圖案A
3針4段1組花樣

起伏針條紋a

將織片翻向背面進行編織

起伏針條紋a

1

編織5段起伏針條紋a後，將織片翻向背面。

織入圖案A

2

織2段下針。

環編

3

編織至⊙記號前，接著在左手中指由內往外繞藍色系段染線5圈。

4

繞線5圈的模樣。

5

右棒針挑起下一個針目，並且由右側穿入環編線圈。

6

將毛海線圈由針目中鉤出。

7

完成第1針環編。織片背面出現4個線圈。

8

繼續依記號圖編織。環編線圈皆在織片背面。

二針鬆緊針

9

編織至19段，將織片翻面，先織2段下針，接著織二針鬆緊針。

織入圖案B

10

繼續看著織片正面，編織織入圖案B。

31

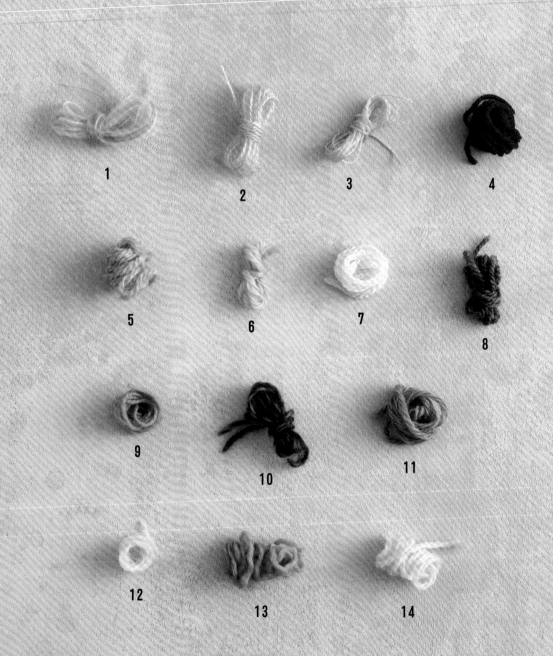

Materials

本書使用線材

1 Hamanaka Alpaca Mohair Fine《漸層》

毛海35%　壓克力35%　羊駝20%　羊毛10%
25g／球　約110m　11色　並太毛海　棒針5至6號
鉤針4/0號

2 Hamanaka Alpaca Mohair Fine

毛海35%　壓克力35%　羊駝20%　羊毛10%
25g／球　約110m　25色　並太毛海　棒針5至6號
鉤針4/0號

3 Hamanaka Tino

壓克力100%　25g／球　約190m　18色　極細
棒針2號　鉤針2/0號

4 Hamanaka Exceed Wool《合太》

羊毛（使用Extra Fine Merino）100%　40g／球
約120m　36色　合太　棒針4至5號　鉤針4/0號

5 Hamanaka Sonomono Alpaca Wool《並太》

羊毛60%　羊駝40%　40g／球　約92m　5色
並太　棒針6至8號　鉤針6/0號

6 Hamanaka Exceed Wool L《並太》

羊毛（使用Extra Fine Merino）100%　40g／球
約80m　39色　並太　棒針6至8號　鉤針5/0號

7 Hamanaka Sonomono Alpaca Lily

羊毛80%　羊駝20%　40g／球　約120m　5色
太　棒針8至10號　鉤針8/0號

8 Hamanaka Sonomono《合太》

羊毛100%　40g／球　約120m　5色　合太
棒針4至5號　鉤針4/0號

9 Ski Tasmanian Polwarth

羊毛100%（Tasmanian Polwarth）　40g／球　約134m
28色　合太　棒針4至6號　鉤針5/0至6/0號

10 Ski Fantasia ATLA

羊毛100%　30g／球　約106m　8色　合太
棒針3至5號　鉤針4/0至5/0號

11 Ski UK Blend Melange

羊毛100%（使用50%英國羊毛）　40g／球　約70m　25色
極太　棒針8至10號　鉤針7.5/0至9/0號

12 DARUMA iroiro

羊毛100%　20g／球　約70m　50色　中細
棒針3至4號　鉤針4/0至5/0號

13 DARUMA 近似原毛的美麗諾羊毛

羊毛（美麗諾）100%　30g／球　約91m　20色　並太
棒針6至8號　鉤針7/0至7.5/0號

14 DARUMA Merino Style 並太

羊毛（美麗諾）100%　40g／球　約88m　18色　並太
棒針6至7號　鉤針6/0至7/0號

◎線材粗細以標籤為基準。
◎線材與工具相關資訊如下：

Hamanaka株式会社
http://www.hamanaka.co.jp

Ski毛系（株式会社 元廣 Life Style事業部）
http://www.skiyarn.com

橫田株式会社（DARUMA）
http://www.daruma-ito.co.jp

How to make 作品織法

A 織入圖案&蕾絲花樣手套
page 4,5

◎工具&材料
線…DARUMA iroiro（中細）蘑菇（2）26g、
藏青（12）10g
針…3號・2號棒針5枝（短）
◎密度（10cm正方形）
織入圖案：33針・34.5段
◎尺寸
手掌圍20cm・長18.5cm

◎編織要點
手指掛線起針，以輪編進行花樣編。織入圖案
的第1段加2針，織入圖案以橫向渡線的方式
進行（參照p.63）。在拇指位置的12針織入別
線（參照p.28）。二針鬆緊針的第1段減2針，
收針段分別依前段符號織下針、上針的套收針
（參照p.78）。

分別在拇指針目的上下方以棒針挑針，拆除別
線（參照p.28）。接線後以輪編進行變形鬆緊
針，但☆・★處織扭加針，第1段減1針。收針
段分別依前段符號織下針、上針的套收針（參
照p.78）。

☆左右手對稱編織。

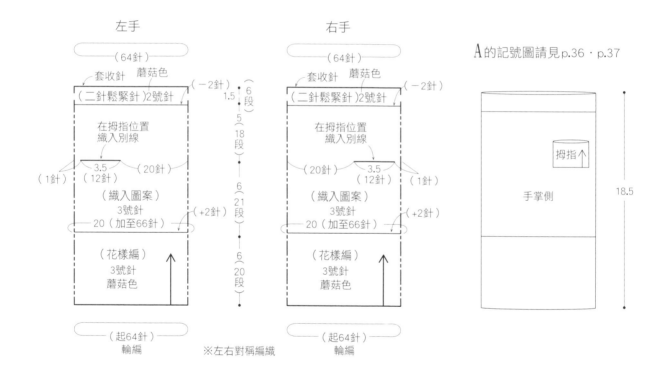

A的記號圖請見p.36・p.37

※左右對稱編織

34

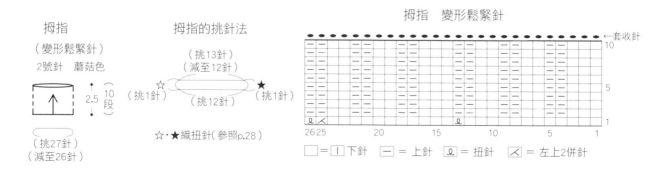

☆・★織扭針（參照p.28）

□ = | 下針　　— = 上針　　ℓ = 扭針　　／ = 左上2併針

B 繽紛幾何手套
page 6,7

◎工具&材料
線⋯DARUMA iroiro（中細）灰色（49）18g、
蘑菇色（2）‧檸檬黃（31）各5g‧磚紅色
（8）‧棕色（11）‧藍綠色（16）‧水藍色
（20）‧草綠色（26）‧紅色（37）各3g
針⋯3號‧2號棒針5枝（短）
◎密度（10cm正方形）
織入圖案：33針‧34.5段

◎尺寸
手掌圍20cm‧長18cm
◎編織要點
手指掛線起針，以輪編進行二針鬆緊針。織
入圖案的第1段加6針，以橫向渡線的方式進
行（參照p.63）。在拇指位置的12針織入別線
（參照p.28）。二針鬆緊針的第1段減2針，收
針段分別依前段符號織下針、上針的套收針
（參照p.78）。

分別在拇指針目的上下方以棒針挑針，拆除別
線（參照p.28）。接線後以輪編進行變形鬆緊
針，但☆與★處織扭加針，第1段減1針。收針
段分別依前段符號織下針、上針的套收針（參
照p.78）。
☆左右手對稱編織。

B的記號圖請見p.38‧p.39

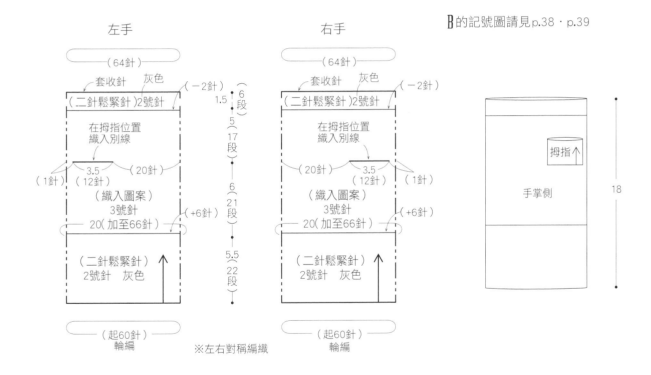

左手　　　　　　右手

※左右對稱編織

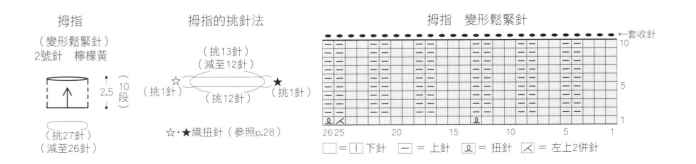

拇指　　拇指的挑針法　　拇指　變形鬆緊針

☆‧★織扭針（參照p.28）

□=｜下針　ー= 上針　Ω= 扭針　人= 左上2併針

35

A 織入圖案＆蕾絲花樣手套

手掌側

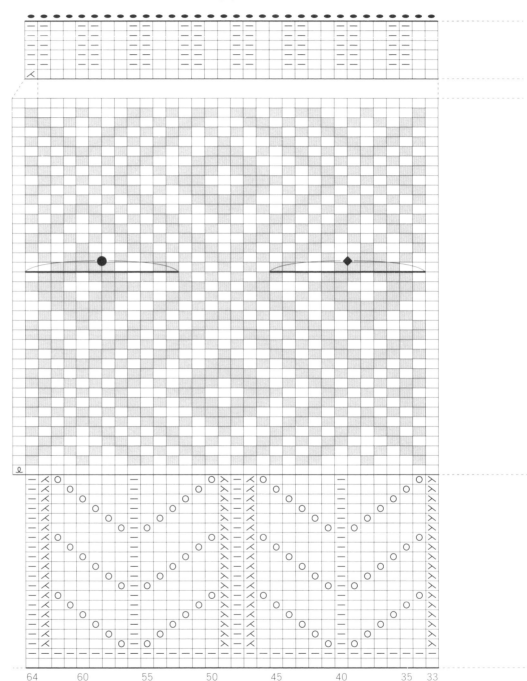

◆＝右手拇指位置
　…織入別線

●＝左手拇指位置
　…織入別線

□ ＝ Ⅰ 下針（參照p.76）

－ ＝ 上針（參照p.76）

○ ＝ 掛針（參照p.76）

人 ＝ 右上2併針（下針）
　　（參照p.76）

人 ＝ 左上2併針（下針）
　　（參照p.77）

Ω ＝ 扭加針（參照p.38）

配色

□ ＝ 蘑菇色

▨ ＝ 藏青色

64　　60　　55　　50　　45　　40　　35　33

手背側

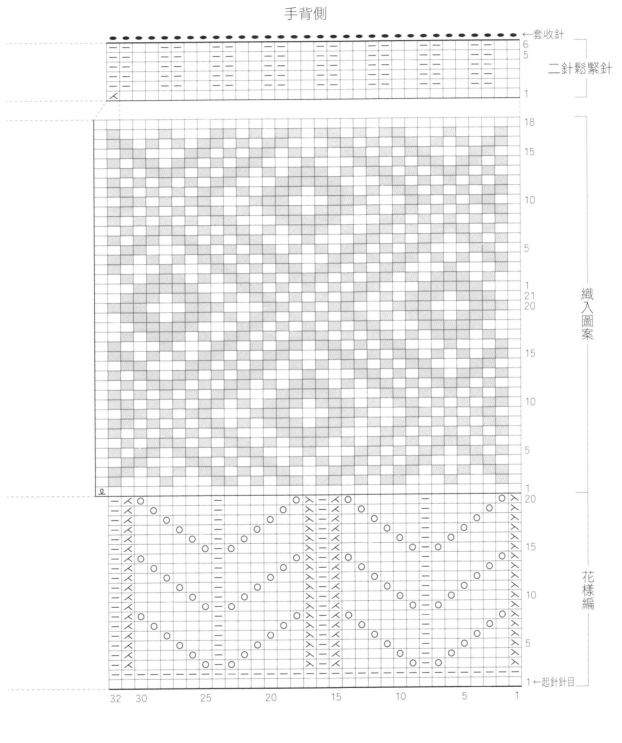

←套收針

二針鬆緊針

織入圖案

花樣編

←起針針目

32　30　　25　　　20　　　15　　　10　　　5　　　1

37

手掌側

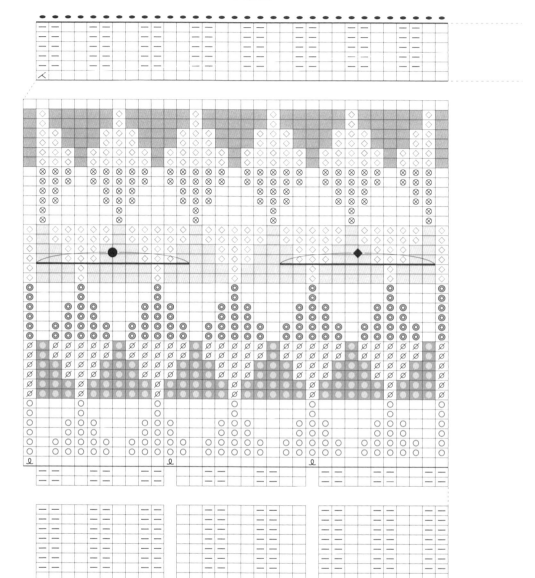

◆ = 右手拇指位置
　…織入別線

● = 左手拇指位置
　…織入別線

□ = I 下針

— = 上針

Ｑ = 扭加針
　（參照下圖）

配色

□ = 灰色

○ = 紅色

● = 棕色

⌀ = 孔雀藍

◎ = 磚紅色

□ = 檸檬黃

◇ = 蘑菇色

⊗ = 草綠色

■ = 水藍色

扭加針 Ｑ

1

右棒針依箭頭指示，由外往內挑
起針目之間的渡線。

2

完成挑針的模樣。

3

左棒針由內往外穿入針目，右棒
針掛線後織下針。

4

完成扭加針。

手背側

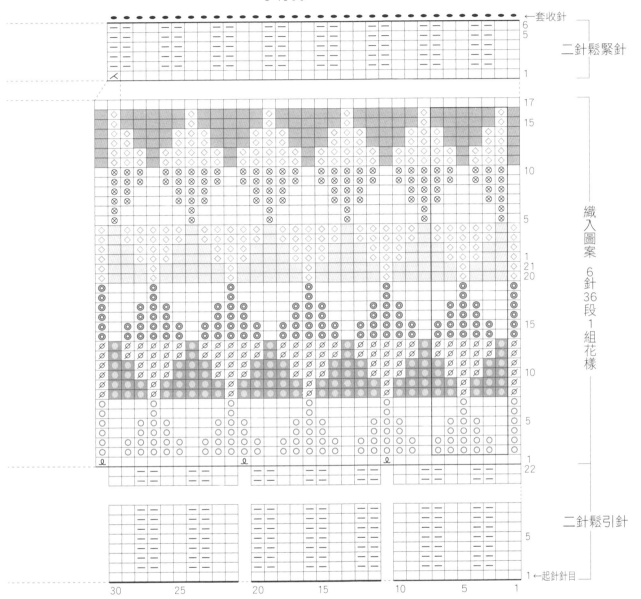

←套收針

6
5

1

二針鬆緊針

17
15

10

5

1
21
20

15

10

5

1
22

二針鬆引針

5

1 ←起針針目

30   25   20   15   10   5   1

織入圖案
6針
36段
1
組花樣

C 森林系大地色長版手套

page 8

◎工具&材料
線⋯Hamanaka Sonomono《合太》（合太）
霧褐色（4）22g、淺褐色（2）25g、焦茶色
（3）10g、霧茶色（5）9g、原色（1）8g
針⋯5號棒針4枝
◎密度（10cm正方形）
織入圖案24針・27段
◎尺寸
手掌圍20cm・長26cm

◎編織要點
手指掛線起針，以輪編進行一針鬆緊針。織
入圖案以橫向渡線的方式進行（參照p.63）。
編織至46段，在拇指位置的7針織入別線（參
照p.28）。繼續編織14段後，接著織一針鬆緊
針，收針段分別依前段符號織下針、上針的套
收針（參照p.78）。

分別在拇指針目的上下方以棒針挑針，拆除
別線（參照p.28）。接線後織平面針，但☆與
★處織扭加針（參照p.28）。每段17針進行輪
編，收針段織套收針（參照p.78）。
☆左右手對稱編織。

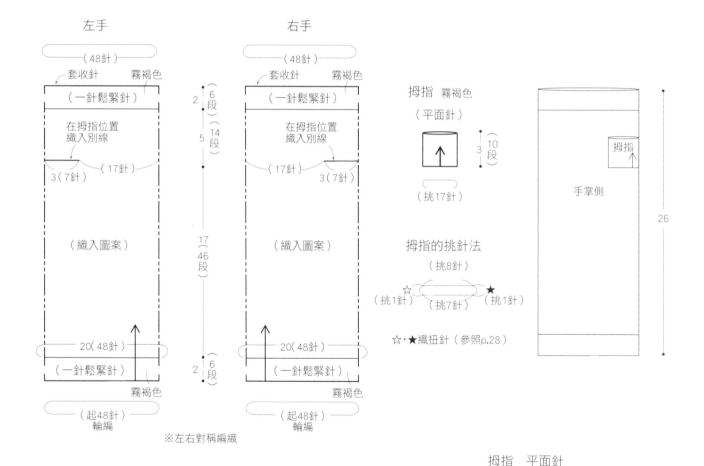

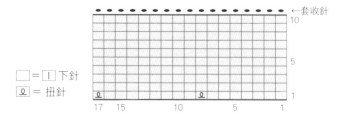

拇指 平面針

□=｜ 下針
Ｑ= 扭針

40

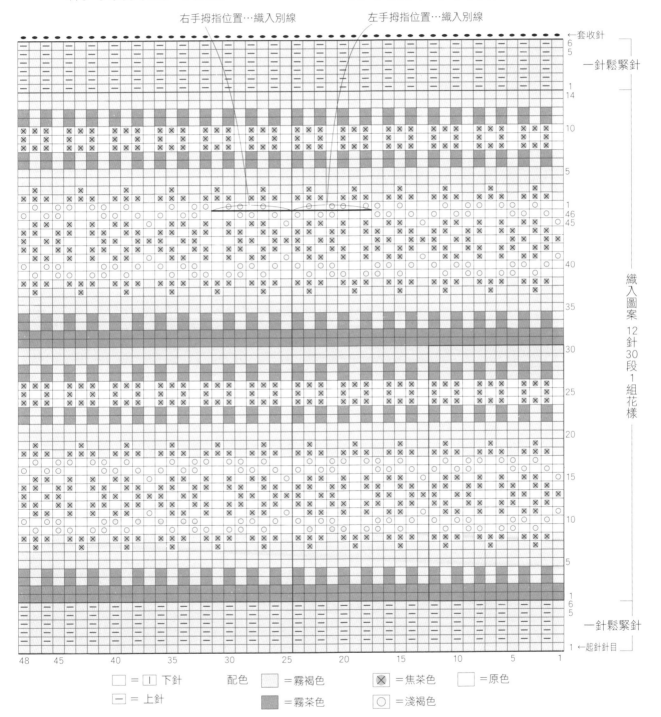

右手 手掌側（左手 手背側）　　　　　　右手 手背側（左手 手掌側）

右手拇指位置…織入別線　　　左手拇指位置…織入別線

□ =｜ 下針　　　配色　□ =霧褐色　　　⊠ =焦茶色　　　□ =原色

— = 上針　　　　　　　■ =霧茶色　　　○ =淺褐色

41

D 費爾島織入圖案手套

page 9

工具＆材料

線…Hamanaka Sonomono《合太》（合太）淺
褐色（2）30g

Exceed Wool FL《合太》（合太）深藍色
（226）6ｇ、紅色（210）3ｇ、白色（201）・藍
色（225）・芥末黃（243）各2g

針…5號棒針4枝

◎密度（10cm正方形）

織入圖案：24針・30段

◎尺寸

手掌圍20cm・長19cm

◎編織要點

手指掛線起針，以輪編進行一針鬆緊針。織入
圖案以橫向渡線的方式進行（參照p.63）。編
織第12段時，在拇指位置的7針織入別線（參
照p.28），接著編織22段。繼續織一針鬆緊
針，收針段分別依前段符號織下針、上針的套
收針（參照p.78）。

分別在拇指針目的上下方以棒針挑針，拆除
別線（參照p.28）。接線後織平面針，但☆與
★處織扭加針（參照p.28）。每段17針進行輪
編，收針段織套收針（參照p.78）。

☆左右手對稱編織。

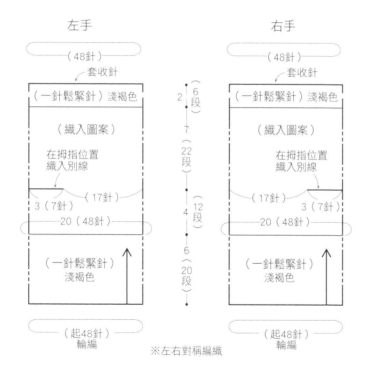

左手

右手

※左右對稱編織

19

拇指

手掌側

拇指 淺褐色

（平面針）

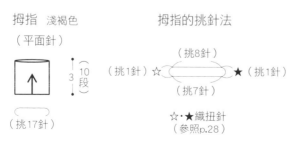

拇指的挑針法

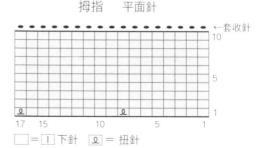

拇指 平面針

42

右手　手掌側（左手　手背側）　　　　　右手　手背側（左手　手掌側）

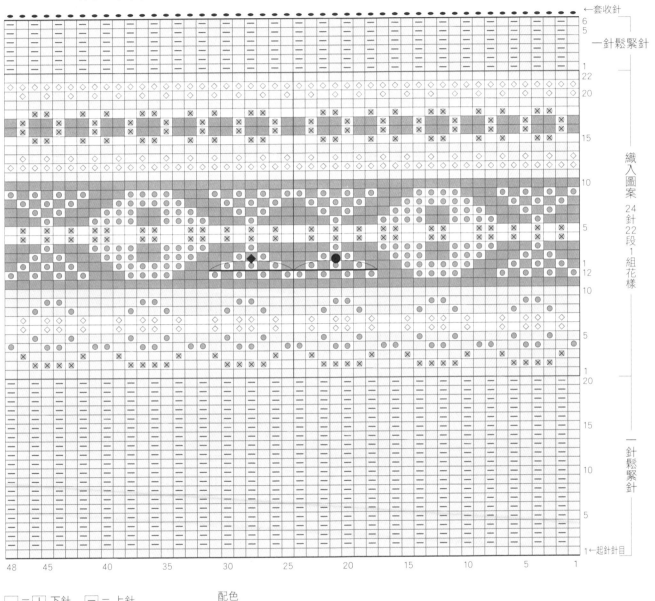

←套收針

一針鬆緊針

織入圖案
24針22段1組花樣

一針鬆緊針

1←起針針目

48　45　40　35　30　25　20　15　10　5　1

□＝ [I] 下針　 ─＝上針

◆＝右手拇指位置…織入別線
●＝左手拇指位置…織入別線

配色

□＝淺褐色　　■＝深藍色　　●＝芥末黃

✕＝紅色　　◇＝藍色　　□＝白色

43

◎工具＆材料
線…Hamanaka Sonomono Alpaca Wool《並太》
（並太）棕色（63）50g
針…7號・5號棒針4枝
◎密度（10cm正方形）
花樣編（7號針）：
A　36針＝11cm・29.5段＝10cm
B　24針・29.5段
◎尺寸
手掌圍19cm・長17.5cm

◎編織要點
※拇指部分的加針法請見p.30。
別鎖起針，從花樣交界處開始編織。以輪編分
別進行手背側的花樣編A，與手掌側的花樣編
B。在指定位置加針，編織拇指部分，加至13
針後暫休針，織一針2併針後，繼續進行花樣
編。一針鬆緊針的第1段減1針後，編織6段，
收針段進行一針鬆緊針的收縫（參照p.79）。

編織手腕側的一針鬆緊針，一邊鬆開別線鎖
針，一邊將針目移至棒針上，第1段減7針後進
行輪編，收針段進行一針鬆緊針的收縫。
將拇指部分的暫休針針目移至棒針上，在指定
位置加3針，編織3段平面針後，接著織2段一
針鬆緊針，收針段進行一針鬆緊針的收縫。
☆左右手對稱編織。

E 記號圖請見p.46・p.47

左手

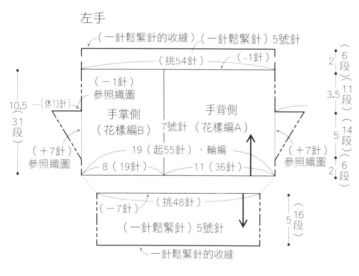

F

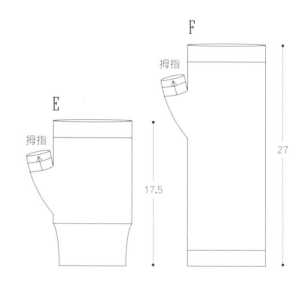

右手

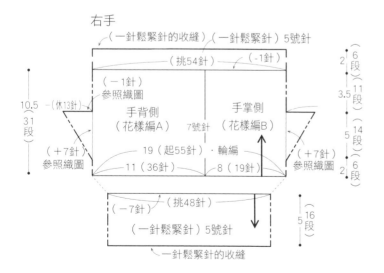

拇指　7號針

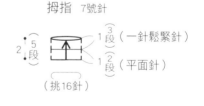

拇指的挑針法
在休針針目
（挑13針）

（挑3針）

☆・・★・◎的挑針法參照p.46

F 艾倫花樣長版手套

page 11

◎工具＆材料
線…Hamanaka Sonomono Alpaca Wool《並太》
（並太）淺灰色（64）75g
針…7號・6號・5號棒針4枝
◎密度（10cm正方形）
花樣編（7號針）：
A　36針＝11cm・29.5段＝10cm
B　24針・29.5段
◎尺寸
手掌圍19cm・長27cm

◎編織要點
※拇指部分的加針法請見p.30。
別鎖起針，從花樣交界處開始編織。使用6號針，以輪編分別進行手背側的花樣編A，與手掌側的花樣編B，第41段開始換成7號針。在指定位置加針，編織拇指部分，加至13針後暫休針，織一針2併針後，繼續進行花樣編。一針鬆緊針的第1段減1針後，編織6段，收針段

進行一針鬆緊針的收縫（參照p.79）。
編織手腕側的一針鬆緊針，一邊鬆開別線鎖針，一邊將針目移至棒針上，第1段減3針後進行輪編，收針段進行一針鬆緊針的收縫。
將拇指部分的暫休針針目移至棒針上，在指定位置加3針，編織3段平面針後，接著織2段一針鬆緊針，收針段進行一針鬆緊針的收縫。
☆左右手對稱編織。

F 記號圖請見p.46・p.47

左手

右手

※左右對稱編織。
※拇指織法同p.44。
※完成圖請見p.44。

45

左手
※右手依①②③的順序編織。

左手 手掌側

拇指

2 }
1 3 一針鬆緊針
1 3
1 }平面針
16 15　　　10　　　5　　　1
↑ ↑　　　　　　　　　　↑
◎ ★　　在休針針目　　　☆
　　　　（挑13針）

☆‧★＝挑針目之間的渡線織扭針（參照下圖）。
◎＝在左上2併針的下方挑針（參照下圖）。

一針鬆緊針（手腕）

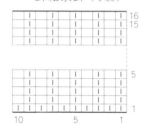

16
15

5

1
10　　　5　　　1

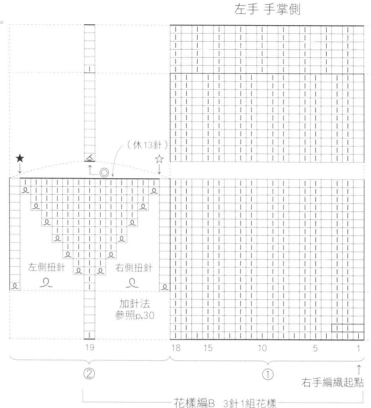

★
↓

◎

（休13針）
☆

左側扭針　　　右側扭針

加針法
參照p.30

19

18　　15　　　10　　　5　　　1

②　　　　　　　　①

右手編織起點

花樣編B　3針1組花樣

★與☆的挑針法

1

☆號是以右棒針挑起針目之間的
渡線後，織扭針。

2

★號挑針方法同☆，一樣織扭
針。

◎的挑針法

◎是以右棒針挑起左上2併針
（上針）下方的兩條線，織下
針。注意避免讓線太鬆。

左手 手背側

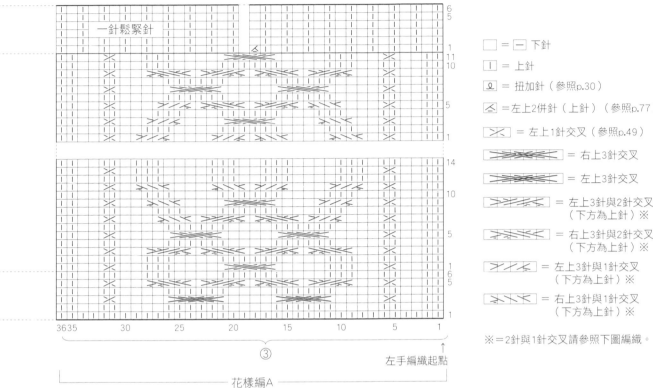

一針鬆緊針

□ = 下針

□ | = 上針

ℓ = 扭加針（參照p.30）

⟋ = 左上2併針（上針）（參照p.77）

＞＜ = 左上1針交叉（參照p.49）

＞＜ = 右上3針交叉

＞＜ = 左上3針交叉

＞＜ = 左上3針與2針交叉（下方為上針）※

＞＜ = 右上3針與2針交叉（下方為上針）※

＞＜ = 左上3針與1針交叉（下方為上針）※

＞＜ = 右上3針與1針交叉（下方為上針）※

※＝2針與1針交叉請參照下圖編織。

3635 30 25 20 15 10 5 1

③

花樣編A

左手編織起點

左上2針與1針交叉
（下方為上針）

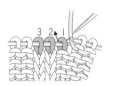
① 將針目1移至麻花針上。

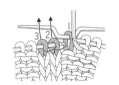
② 麻花針置於外側暫休針，針目2、3織下針。

③ 麻花針上的針目織上針。

④ 完成左上2針與1針交叉（下方為上針）。

右上2針與1針交叉
（下方為上針）

① 將針目1、2移至麻花針上。

② 麻花針置於內側暫休針，針目3織上針。

③ 麻花針上的2個針目織下針。

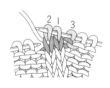
④ 完成右上2針與1針交叉（下方為上針）。

47

左手
※右手依①②③的順序編織。

左手 手掌側

拇指

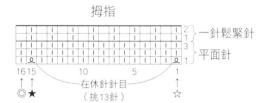

2
1
3

一針鬆緊針

平面針

16 15　　　　10　　　　5　　　　1

↑　　　　　　　　　　　　　↑
◎★　　在休針針目　　　　☆
　　　（挑13針）

☆・★＝挑針目之間的渡線織扭針（參照p.46）。
◎＝在左上2併針的下方挑針（參照p.46）。

一針鬆緊針（手腕）

6
5

1

2　1

□ ＝ ― 下針

｜ ＝ 上針

ℚ ＝ 扭加針（參照p.30）

☒ ＝ 左上2併針（上針）（參照p.77）

☒ ＝ 左上1針交叉（參照p.49）

☒☒ ＝ 右上3針交叉

☒☒ ＝ 左上3針交叉

☒☒ ＝ 左上3針與2針交叉
（下方為上針）※

☒☒ ＝ 右上3針與2針交叉
（下方為上針）※

☒☒ ＝ 左上3針與1針交叉
（下方為上針）※

☒☒ ＝ 右上3針與1針交叉
（下方為上針）※

※＝2針與1針交叉請參照p.47編織。

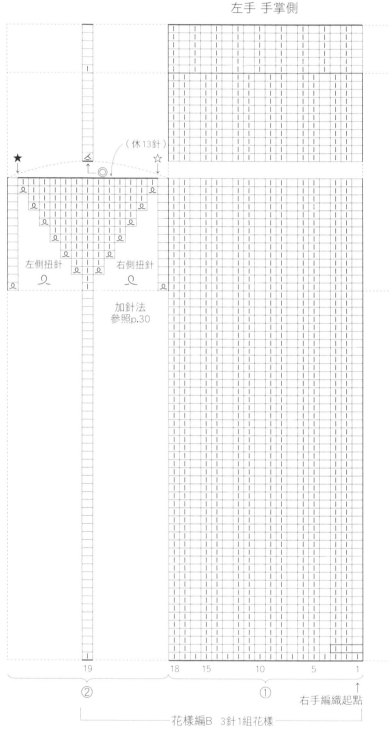

（休13針）

★　　　　　　　　　　☆
↓　　　　　◎　　　　↓

左側扭針　　　右側扭針

加針法
參照p.30

19

②

18　15　　　10　　　5　　　1

①

右手編織起點

花樣編B　3針1組花樣

左手 手背側

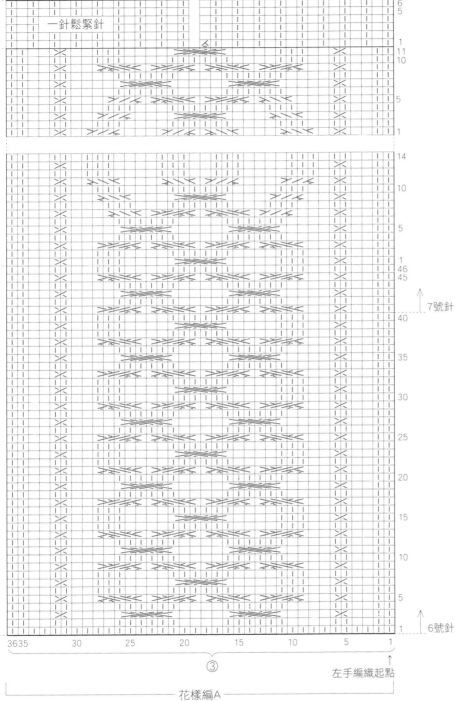

一針鬆緊針

3635　30　　25　　20　　15　　10　　5　　1

③

左手編織起點

花樣編A

左上1針交叉（下針）

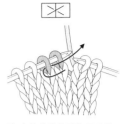

① 右棒針依箭頭指示穿入
針目2。

② 織下針。

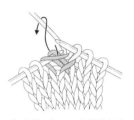

③ 依箭頭指示，直接挑起針目
1織下針。

④ 鉤出織線後，滑出左棒針上
的2針目。

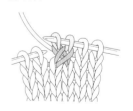

⑤ 完成左上1針交叉。

◎工具＆材料
線…Hamanaka Alpaca Mohair Fine、（並太毛海）淺灰色（4）40g
針…4號棒針2枝
串珠…TOHO玫瑰珠（特大4mm）
銀色（NO.21）840顆
◎密度（10cm正方形）
花樣編：21針・46.5段
◎尺寸
手掌圍18cm・長13cm

◎編織要點
線頭沾取白膠待乾燥硬化後（或使用穿珠針），穿入編織一只腕套所需的420顆串珠。手指掛線起針，兩側邊端針目織滑針。第2段開始，在指定位置拉近串珠後織入。為了讓串珠出現在織片外側，要在上針段織入串珠。收針段暫休針，與起針段正面相對疊合，以引拔併接（參照p.78）縫合。
☆左右皆以相同方式編織。

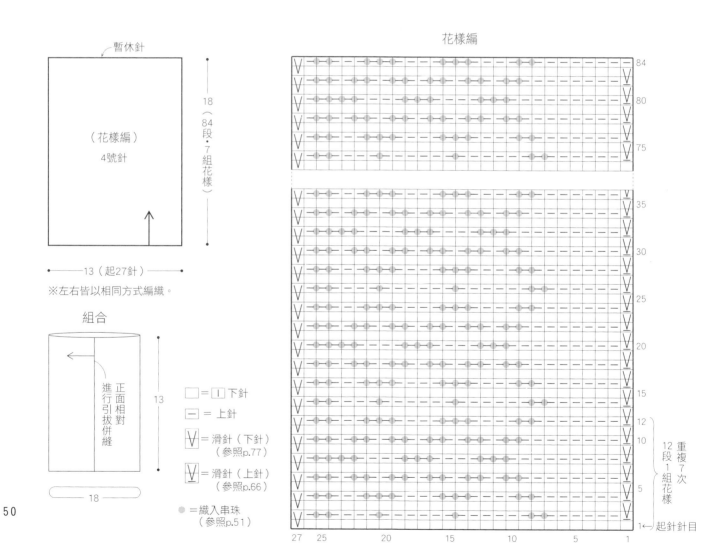

暫休針

18
（84段・7組花樣）

（花樣編）
4號針

● 13（起27針）

※左右皆以相同方式編織。

組合

進行引拔併縫
正面相對

13

18

□＝│下針

－＝上針

Ｖ＝滑針（下針）（參照p.77）

Ｖ＝滑針（上針）（參照p.66）

●＝織入串珠（參照p.51）

花樣編

84
80
75

35
30
25
20
15
12
10
5
1←起針針目

12段1組花樣 重複7次

27 25 20 15 10 5 1

H 蕾絲花樣腕套

page 13

◎工具＆材料

線…Hamanaka Sonomono Alpaca Lily（太）原色（111）30g

針…7號棒針2枝

◎密度（10cm正方形）

花樣編：28針＝12cm・43.5段＝10cm

◎尺寸

手掌圍17cm・長12cm

◎編織要點

手指掛線起針，開始編織花樣編。依織圖一邊在右側進行加減針，一邊在左端織滑針。收針段暫休針，與起針段正面相對疊合，以引拔併縫（參照p.78）接合。

☆左右皆以相同方式編織。

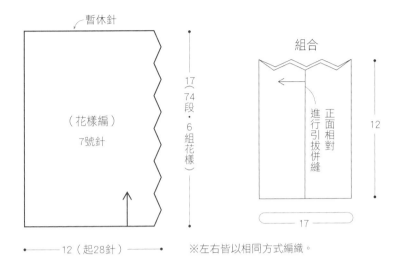

暫休針

（花樣編）

7號針

17（74段・6組花樣）

12（起28針）

組合

正面相對進行引拔併縫

12

17

※左右皆以相同方式編織。

織入串珠

1 在指定位置拉近串珠，下一針織下針。

2 串珠顯露在外側（正面）。

花樣編

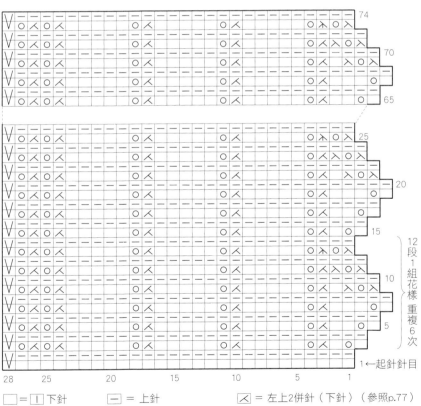

□ = |下針　　　— = 上針　　　⟋ = 左上2併針（下針）（參照p.77）

Ⅴ = 滑針（下針）（參照p.77）　　○ = 掛針（參照p.76）　　⟍ = 右上2併針（下針）（參照p.76）

⟑ = 右上3併針（下針）（參照p.77）

51

I 四色粉彩手套

page 14,15

◎工具＆材料

線…Hamanaka Exceed Wool L《並太》（並太）水藍色（322）13g、Sonomono《合太》（合太）原色（1）12g、Alpaca Mohair Fine《並太毛海》淺灰色（4）6g、Tino（極細）蜜桃色（12）4g

針…6號棒針4枝

◎密度（10cm正方形）

平面針：19針・26段

◎尺寸

手掌圍18cm・長18cm

◎編織要點

※拇指編織方式請見p.28。

※手腕與拇指取1條線編織，其他皆取雙線編織。

手指掛線起針，以輪編進行一針鬆緊針，改換指定線織平面針後，在拇指位置的5針織入別線。繼續編織至一針鬆緊針為止，收針段分別依前段符號織下針、上針的套收針（參照p.78）。

分別在拇指針目的上下方以棒針挑針，拆除別線（參照p.28）。接線後織平面針，但☆與★處織扭加針，（參照p.28）。每段13針進行輪編，收針段織套收針（參照p.78）。

☆左右手對稱編織。

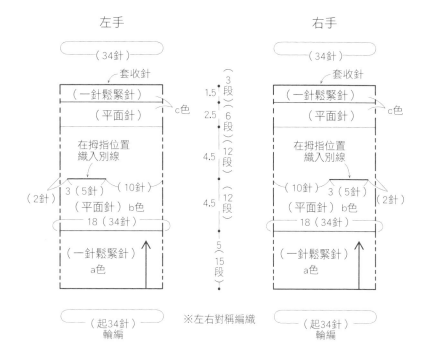

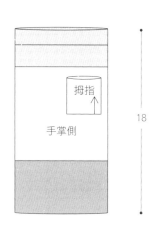

拇指（平面針）d色

拇指的挑針法

☆・★織扭針（參照p.28）。

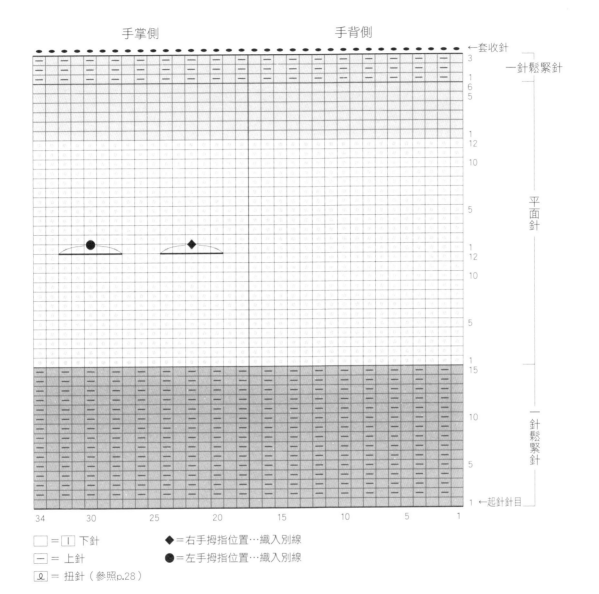

手掌側　　　　　　　　　　　　　手背側

←套收針

一針鬆緊針

平面針

一針鬆緊針

←起針針目

☐ =│ 下針　　　　　　◆=右手拇指位置…織入別線
— = 上針　　　　　　●=左手拇指位置…織入別線
ℓ = 扭針（參照p.28）

拇指　平面針

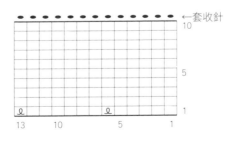

←套收針

配色

色		
a色		水藍色
b色		原色與蜜桃色各取1條，以雙線編織。
c色		淺灰色取2條線編織。
d色		原色

53

J 條紋撞色手套 粉紅×杏色

page 16

◎工具＆材料

線…DARUMA 近似原毛的美麗諾羊毛（並太）
米白色（2）10g、粉紅色（12）8g、深藍色
（14）6g
針…6號棒針4枝
◎密度（10cm正方形）
平面針：19針·26段
◎尺寸
手掌圍17cm·長17cm

◎編織要點

手指掛線起針，以輪編進行一針鬆緊針。不剪
線編織平面針條紋，以縱向渡線的方式進行。
在拇指位置的5針織入別線（參照p.28），繼
續編織16段。接著織一針鬆緊針，收針段分
別依前段符號織下針、上針的套收針（參照
p.78）。

分別在拇指針目的上下方以棒針挑針，拆除別
線（參照p.28）。接線後織平面針，但☆與★
處織扭加針。每段13針進行輪編，收針段織套
收針。
☆左右手對稱編織。

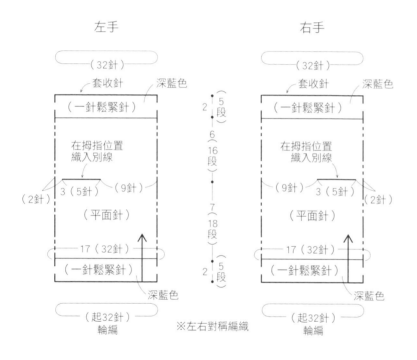

拇指（平面針）
米白色

拇指的挑針法

☆·★ 織扭針（參照p.28）

手掌側　　　　　　　　　　手背側

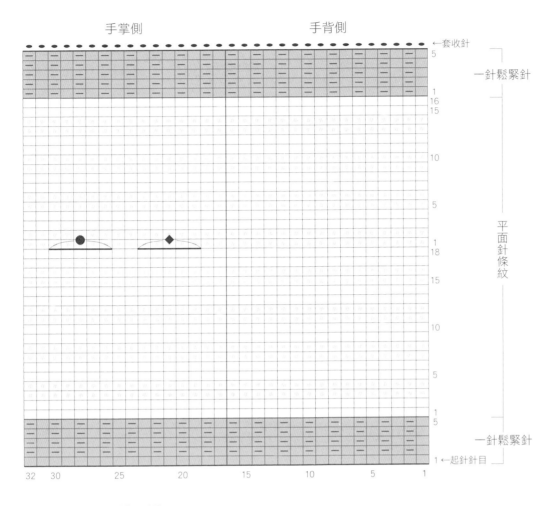

←套收針

5
1
16
15

10

5

1
18

15

10

5

1
5

1 ←起針針目

32　30　　25　　20　　　15　　10　　　5　　　1

一針鬆緊針

平面針條紋

一針鬆緊針

◆＝右手拇指位置…織入別線
●＝左手拇指位置…織入別線

拇指　平面針

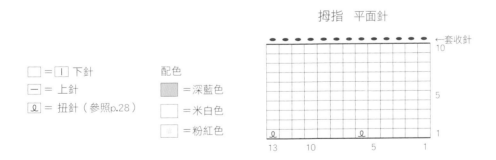

←套收針
10

5

1

13　　10　　　5　　　1

□ ＝ ｜ 下針
－ ＝ 上針
ℓ ＝ 扭針（參照p.28）

配色
＝深藍色
＝米白色
＝粉紅色

K 條紋撞色手套 綠色×灰色
page 17

◎工具&材料
線…DARUMA近似原毛的美麗諾羊毛（並太）
灰色（8）15g、綠色（15）12g、米白色（2）
6g
針…6號棒針4枝
◎密度（10cm正方形）
平面針條紋：19針・26段
◎尺寸（男用）
手掌圍19cm・長17cm

◎編織要點
手指掛線起針，以輪編進行一針鬆緊針。不剪
線編織平面針條紋，以縱向渡線的方式進行。
在拇指位置的6針織入別線（參照p.28），繼
續編織15段。接著織一針鬆緊針，收針段分
別依前段符號織下針、上針的套收針（參照
p.78）。

分別在拇指針目的上下方以棒針挑針，拆除別
線（參照p.28）。接線後織平面針，但☆與★
處織扭加針。每段15針進行輪編，收針段織套
收針（參照p.78）。
☆左右手對稱編織。

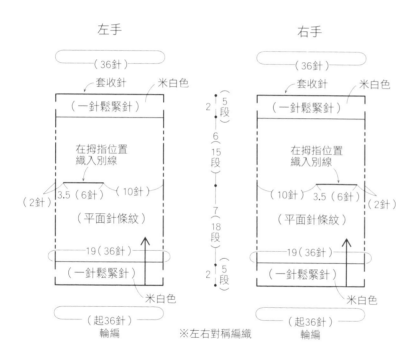

手掌側　　　　　　　　　　手背側

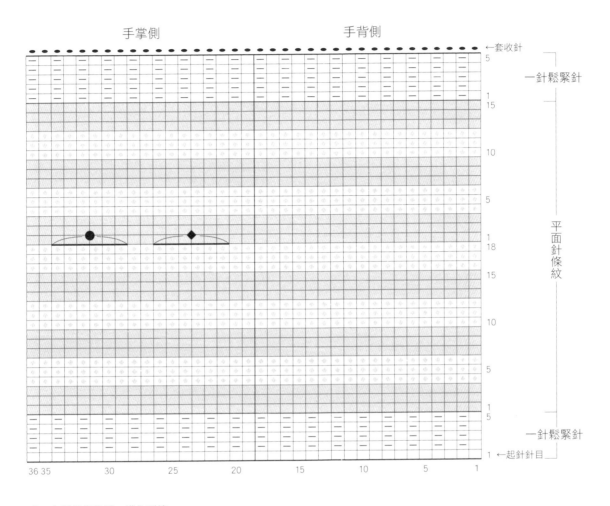

←套收針
一針鬆緊針
平面針條紋
一針鬆緊針
←起針針目

36 35　　30　　　25　　　20　　　15　　　10　　　5　　　1

◆＝右手拇指位置…織入別線
●＝左手拇指位置…織入別線

拇指　平面針

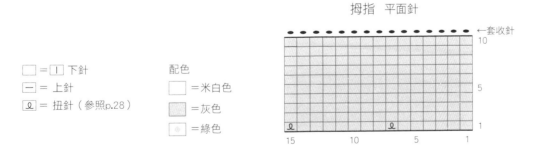

←套收針

15　　　10　　　5　　　1

□＝□ 下針
—＝ 上針
ℓ＝ 扭針（參照p.28）

配色
□＝米白色
■＝灰色
＝綠色

57

L 水玉&條紋手套 紅色×米白
page 18

M 水玉&條紋手套 黃色×淺褐
page 19

除指定之外皆為L‧M共通
◎工具&材料
線…Ski Tasmanian Polwarth（合太）
L：紅色（7014）20g、米白色（7002）12g
M：黃色（7007）20g、淺褐色（7025）12g
針…4號棒針2枝

◎密度（10cm正方形）
織入圖案A‧B‧C：28針‧30段
◎尺寸
手掌圍18cm‧長18cm
◎編織要點
手指掛線起針，以往復編進行二針鬆緊針。不

加減針進行織入圖案A‧B‧C，以橫向渡線的
方式編織（參照p.63）。繼續織二針鬆緊針，
收針段分別依前段符號織下針、上針的套收針
（參照p.78）。背面相對接合成圈，在邊端第1
針的裡側挑針綴縫，並預留拇指孔不縫。
☆左右手皆以相同方式編織。

L‧M 共通

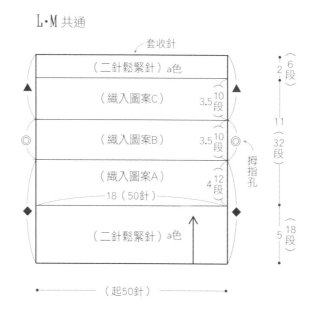

套收針

（二針鬆緊針）a色
（織入圖案C）　3.5　10段
（織入圖案B）　3.5　10段
（織入圖案A）　4　12段
18（50針）
（二針鬆緊針）a色

拇指孔

6段
2段
11（32段）
18（18段）
5段

（起50針）

※左右皆以相同方式編織

組合

組合

拇指孔

預留拇指孔

18

18

※ 挑針綴縫▲‧◆合印記號

挑針綴縫

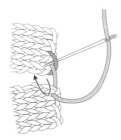

① 毛線針依箭頭指示，挑縫
兩織片起針針目的線。

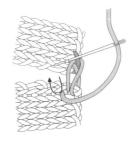

② 交互挑縫各段邊端第1針裡
側針目間的渡線後拉緊縫線。

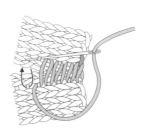

③ 重複「挑縫針目間的渡線後拉緊
縫線」，拉緊至看不出縫線即可。

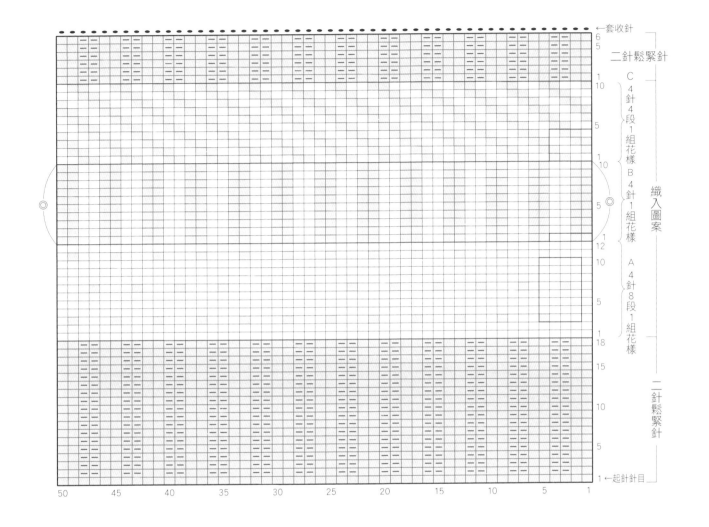

□ = |I| 下針

─ = 上針

配色

	L：紅色×米白	M：黃色×淺褐
a色 □	紅色	黃色
b色 □	米白色	淺褐色

N 鑽石圖案手套

page 20

◎工具＆材料
線…Ski UK Blend Melange（極太）深紫色
（8013）38g、紅色（8010）12g、原色混彩
（8002）2g、金色混彩（8006）少許
針…11號棒針2枝・8號棒針4枝
◎密度（10cm正方形）
平面針：21針・22段
織入圖案：21針＝10cm・5段＝2.5cm

◎尺寸
手掌圍20cm・長17.5cm
◎編織要點
手掛線起針，不加減針進行往復編，織入圖
案以橫向渡線的方式進行（參照p.63）。收針
段織套收針（參照p.78）。
起針段與收針段背面相對接合成圈，預留拇指
孔後，以平面針併縫（參照p.78）進行接合，

拉緊至看不出縫線即可。
在本體挑針編織手腕部分，以輪編進行二針鬆
緊針，收針段分別依前段符號織下針、上針的
套收針（參照p.78）。指尖側與拇指部分同樣
是在本體挑針，以輪編進行起伏針，收針段織
套收針（參照p.78）。
☆左右手對稱編織。

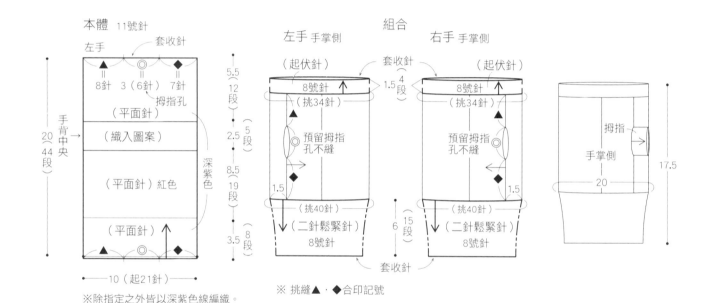

※除指定之外皆以深紫色線編織。
※本體左右以相同方式編織，
　但▲・◆合印記號為左右對稱配置。

※ 挑縫▲・◆合印記號

織入圖案

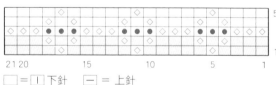

□＝│下針　─＝上針

起伏針

拇指（起伏針）
8號針　深紫色

拇指的挑針法
在收針段的◎
（挑8針）

在起針段的◎
（挑7針）

配色
＝紅色
＝深紫色
◇＝原色混彩
●＝金色混彩

二針鬆緊針

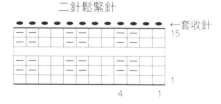

Q 段染流蘇手套

page 23

◎工具&材料
線…Ski Fantasia ATLA（合太）藍色系花線
（3008）48g
針…11號棒針2枝，7號棒針4枝，
7/0號鉤針
◎密度（10cm正方形）
平面針：19針，24段
◎尺寸
手掌圍19.5cm，長17.5cm

◎編織要點
手指掛線起針，以往復編開始編織本體。收針
段織套收針（參照p.78）。起針段與收針段背
面相對接合成圈，預留拇指孔後，以平面針併
縫（參照p.78）進行接合，拉緊至看不出縫線
即可。
在本體挑針編織手腕部分，以輪編進行一針鬆
緊針，收針段進行一針鬆緊針的收縫（參照
p.79）。

指尖側與拇指部分同樣是在本體挑針，以輪編
進行起伏針，收針段織套收針（參照p.78）。
製作流蘇，取兩條長10cm的織線對摺，以7/0
號鉤針穿入起伏針的針目，將對摺處鉤出，再
將線頭側穿過鉤出的線環，拉緊。共加上19處
流蘇。
☆左右手對稱編織。

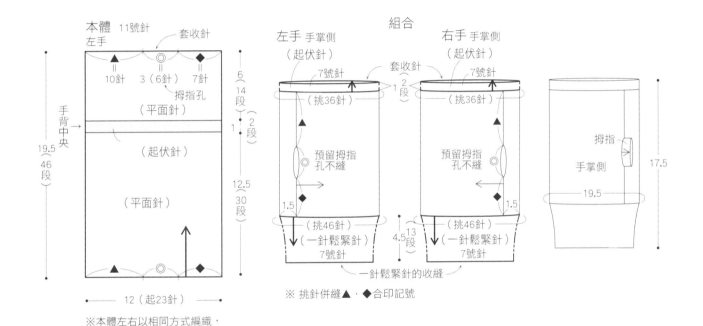

※本體左右以相同方式編織，
　但▲・◆合印記號為左右對稱配置。

※ 挑針併縫▲・◆合印記號

起伏針

□ = | 下針
— = 上針

一針鬆緊針

流蘇接合方法

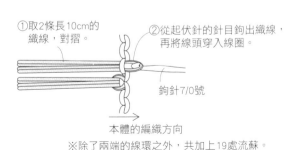

①取2條長10cm的
織線，對摺。

②從起伏針的針目鉤出織線，
再將線頭穿入線圈。

鉤針7/0號

本體的編織方向

※除了兩端的線環之外，共加上19處流蘇。

拇指 7號針（起伏針）

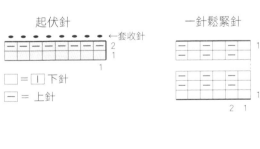

拇指的挑針法

在收針段的◎
（挑8針）

在起針段的◎
（挑7針）

O 鋸齒圖案手套
page 21

◎工具＆材料
線⋯Ski UK Blend Melange（極太）原色混彩
（8002）34g、鐵灰混彩（8018）11g、藍色
（8017）7g、
紅色（8010）4g
針⋯11號棒針2枝・8號棒針4枝
◎密度（10cm正方形）
織入圖案：21針・21段
◎尺寸
手掌圍20cm・長17cm

◎編織要點
手指掛線起針，不加減針進行往復編。織入圖
案以橫向渡線的方式進行（參照p.63）。收針
段織套收針（參照p.78）。
起針段與收針段背面相對接合成圈，預留拇指
孔後，以平面針併縫（參照p.78）進行接合，
拉緊至看不出縫線即可。

在本體挑針編織手腕部分，以輪編進行二針鬆
緊針，收針段分別依前段符號織下針、上針
的套收針。指尖側與拇指部分同樣是在本體挑
針，以輪編進行起伏針，收針段織套收針（參
照p.78）。
☆左右手對稱編織。

本體

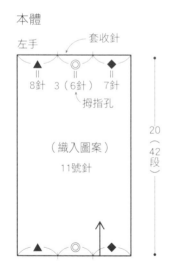

※本體左右以相同方式編織，
　但▲・◆合印記號為左右對稱配置。

配色
□ ＝原色混彩
● ＝紅色
□ ＝藍色
▨ ＝鐵灰混彩

織入圖案

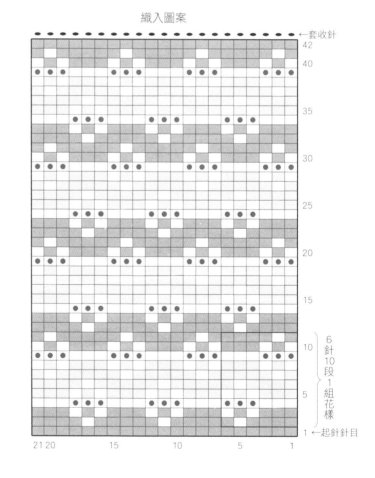

□＝|下針

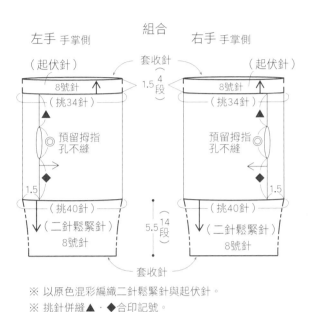

左手 手掌側　　組合　　右手 手掌側
（起伏針）　　套收針　　（起伏針）

8號針　↑　1.5 4段　　8號針　↑

（挑34針）　　　　　（挑34針）

▲　　　　　　　　　▲

預留拇指　◎　　　預留拇指　◎
孔不縫　　　　　　孔不縫

←　　　　　　　　→

1.5　◆　　　　　　◆　1.5

（挑40針）　　　　　（挑40針）

（二針鬆緊針）　5.5 14段　（二針鬆緊針）

8號針　　　　　　　8號針

套收針

※ 以原色混彩編織二針鬆緊針與起伏針。
※ 挑針併縫▲・◆合印記號。

起伏針

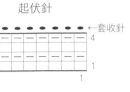

←套收針
4
1

二針鬆緊針

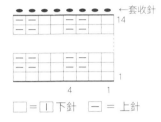

←套收針
14

4　1

□ = | 下針　　 — = 上針

拇指

手掌側

17

20

拇指（起伏針）

8號針　原色混彩

1.5 4段

（挑15針）

拇指的挑針法

在收針段的◎
（挑8針）

在起針段的◎
（挑7針）

橫向渡線
織入圖案

正面編織段

底色線

配色線

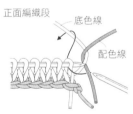

① 配色線如圖示鉤住底色
線，邊端第1針織下針。

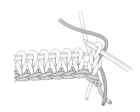

② 配色線置於底色線上方，
依織圖指定編織配色線。

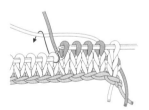

③ 配色線由上往外掛在底色
線上，以底色線編織1針。

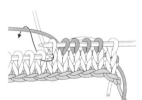

④ 配色線置於底色線上方
編織。換線時維持底色線在
下，配色線在上。

背面編織段

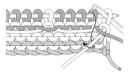

⑤ 編織底色線的第1針前，先
將配色線置於底色線上方，棒
針再依箭頭指示掛線。

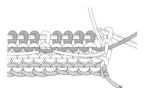

⑥ 完成第1針上針。第2針也
以底色線織上針。

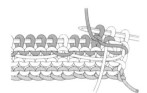

⑦ 配色線置於底色線上方，
織上針。

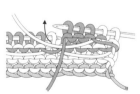

⑧ 依織圖指定編織後，配色
線由上往內掛在底色線上，以
底色線編織。以相同要領繼續
編織。

63

P
雙面圖案手套
page 22

◎工具＆材料
線…Ski Tasmanian Polwarth（合太）中灰色
（7027）32g、青瓷色（7009）12g、豔桃紅
（7012）少許
針…6號・5號棒針4枝
◎密度（10cm正方形）
織入圖案：A・B 29針・31段
◎尺寸
手掌圍20cm・長17.5cm

◎編織要點
手指掛線起針，不加減針進行往復編。織入圖
案以橫向渡線的方式進行（參照p.63）。接續
編織一針鬆緊針之後，收針段分別依前段符號
織下針、上針的套收針（參照p.78）。
起針段與收針段背面相對接合成圈，預留拇指
孔後，挑針綴縫（參照p.58）。

在本體挑針編織手腕部分，以輪編進行二針鬆
緊針，收針段分別依前段符號織下針、上針
的套收針（參照p.78）。在本體的拇指位置挑
針，以輪編進行一針鬆緊針，收針段分別依前
段符號織下針、上針的套收針（參照p.78）。
依織圖在指定位置進行平面針刺繡。
☆左右手對稱編織。

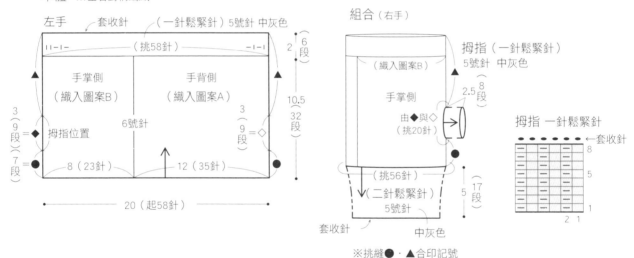

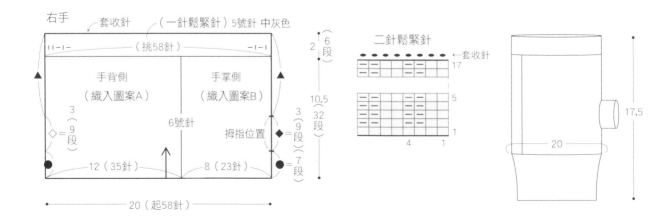

織入圖案A

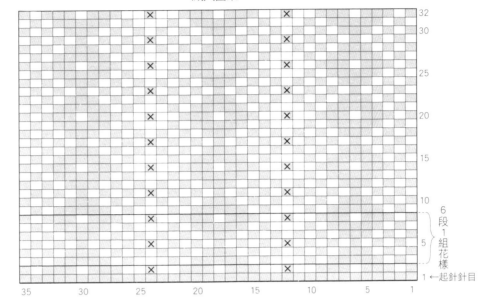

35　30　25　20　15　10　5　1

6段1組花樣

32
30
25
20
15
10
5
1 ←起針針目

□ = I 下針

□ = 上針

配色

□ = 中灰色

□ = 青瓷色

✕ = 以豔桃紅繡線進行平面針刺繡

一針鬆緊針

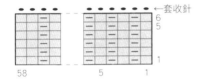

←套收針
6
5
1

58　5　1

織入圖案B

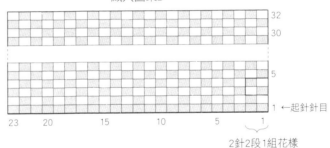

32
30
5
1 ←起針針目

23　20　15　10　5　1

2針2段1組花樣

平面針刺繡

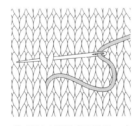

① 縫針由織片背面入針,在織片正面的針目中心出針,橫向挑縫上一段的2條V形織線後,拉緊繡線。

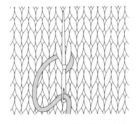

② 從出針的位置入針,並且如圖示在同一針目的中心再一次出針。

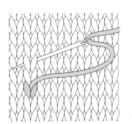

③ 重複步驟①、②。

65

◎工具＆材料
線…DARUMA Merino Style 並太（並太）灰
色（15）40ｇ、粉紅色（17）6g、藍色（8）
3g、檸檬黃（20）2g
針…6號棒針2枝
◎密度（10cm正方形）
織入圖案：24.5針・29.5段

◎尺寸
手掌圍21cm・長21cm
◎編織要點
別鎖起針，從花樣交界處開始進行往復編。織
入圖案以橫向渡線的方式進行（參照p.63）。
接續編織緣編，收針段織套收針（參照
p.78）。

編織手腕側的一針鬆緊針，一邊鬆開別線鎖
針，一邊將針目移至棒針上，在第2段減1針，
收針段進行一針鬆緊針的收縫（參照p.79）。
背面相對接合成圈，預留拇指孔後，挑針綴縫
邊端第1針的裡側（參照p.58）。
☆左右手皆以相同方式編織。

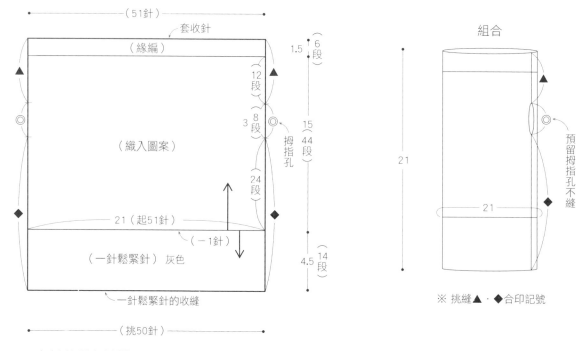

※左右以相同方式編織

※ 挑縫▲・◆合印記號

滑針
（上針）
1段的情況

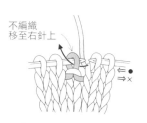
① ×段針目為上針時，
●段的織線置於外側，右
針依箭頭指示入針，不編
織，直接移至右針上。

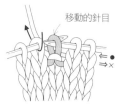
② 完成上針的滑針。編織
下一針。

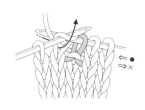
③ 滑針部分的渡線位於外
側。

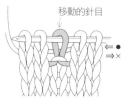
④ 下一段依記號圖挑滑針編
織。

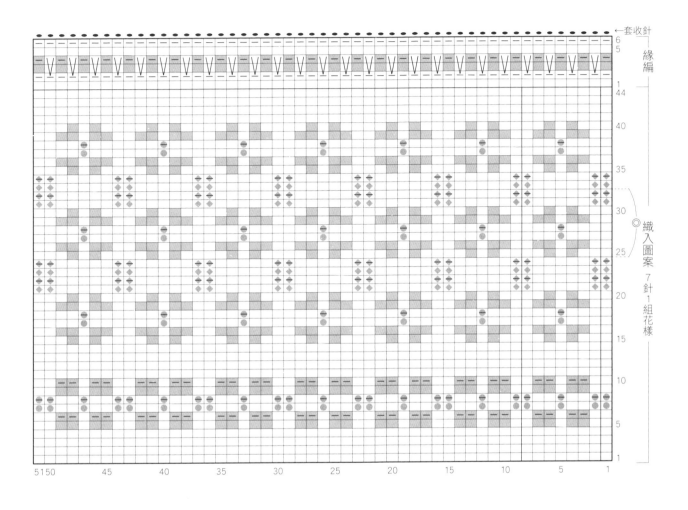

＝ ＝下針

＝ 上針

＝ 左上2併針（參照p.77）

＝ 滑針（上針）
　（參照p.66）

配色

＝灰色　　　　＝粉紅色

＝藍色　　　　＝檸檬黃

一針鬆緊針

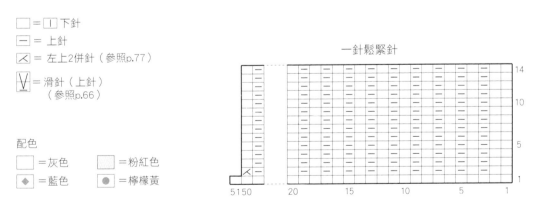

67

S 懷舊圖案手套

page 25

◎工具＆材料
線…Ski Tasmanian Polwarth（合太）
深藍色（7018）25g、米白色（7002）15g、
紅色（7014）5g
針…5號棒針4枝
◎密度（10cm正方形）
織入圖案：26針・35.5段
◎尺寸
手掌圍21cm・長18.5cm

◎編織要點
別鎖起針，從花樣交界處開始進行輪編。織入
圖案以橫向渡線的方式進行（參照p.63）。編
織至32段，在拇指位置的8針織入別線（參照
p.28），繼續編織18段。依織圖編織起伏針條
紋，收針段進行上針的套收針（參照p.78）。
編織手腕側的二針鬆緊針，一邊鬆開別線鎖

針，一邊將針目移至棒針上，在第2段減2針，
收針段分別依前段符號織下針、上針的套收
針。
分別在拇指針目的上下方以棒針挑針，拆除別
線（參照p.28）。接線後織套收針，但☆與★
處織扭加針（參照p.29）。
☆左右手對稱編織。

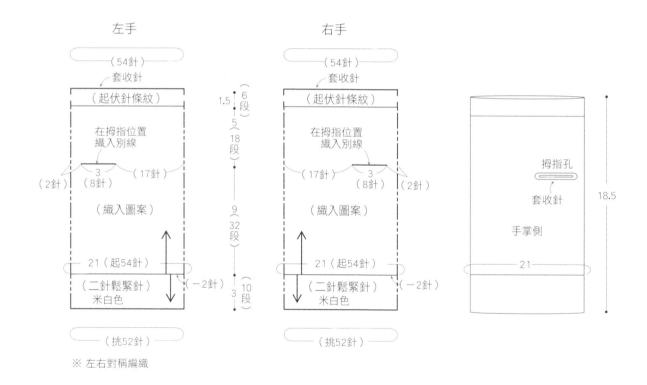

左手　　　　　　　　　　右手

（54針）　　　　　　　　　（54針）
套收針　　　　　　　　　　套收針
（起伏針條紋）　　　　　　（起伏針條紋）
1.5 6段

在拇指位置　　　　　　　在拇指位置
織入別線　　　　　　　　織入別線
5 18段
（2針）（8針）（17針）　（17針）（8針）（2針）
3　　　　　　　　　　　　　3

（織入圖案）　　　　　　　（織入圖案）
9 32段

21（起54針）　　　　　　　21（起54針）
（二針鬆緊針）（－2針）　（二針鬆緊針）（－2針）
米白色　　　　　　　　　　米白色
3 10段

（挑52針）　　　　　　　　（挑52針）

※ 左右對稱編織

拇指孔
套收針
手掌側
18.5
21

拇指孔的收針

以深藍色線織一圈套收針（19針）

（挑9針）

（挑1針）☆　　　　　★（挑1針）

（挑8針）

☆・★挑針目間的渡線織扭針（參照p.29）。

右手 手掌側（左手 手背側）　　　　右手 手背側（左手 手掌側）

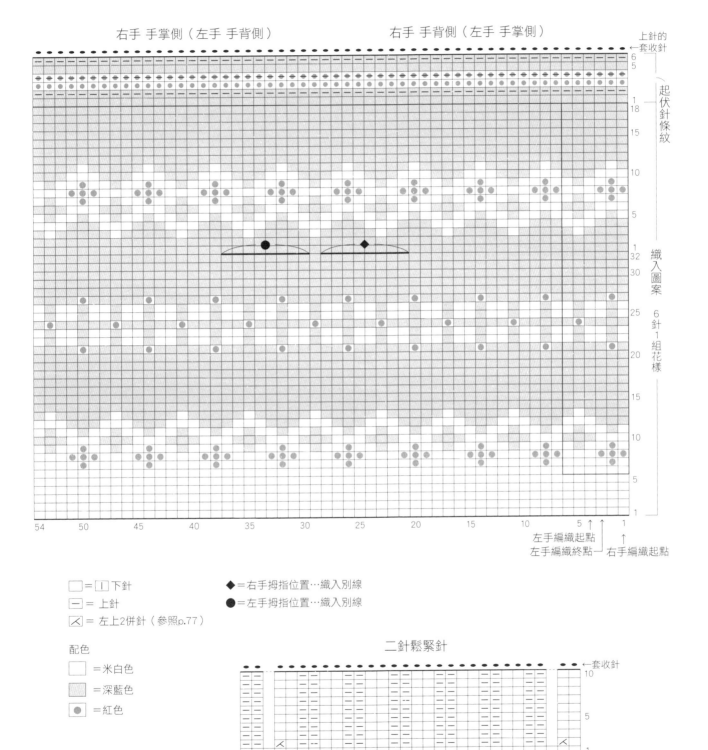

左手編織起點
左手編織終點　右手編織起點

□=I 下針
一= 上針
⎣ = 左上2併針（參照p.77）

◆=右手拇指位置…織入別線
●=左手拇指位置…織入別線

配色
□ =米白色
 =深藍色
● =紅色

二針鬆緊針

69

T 螺紋長版手套

page 26

◎工具＆材料
線…Hamanaka Sonomono Alpaca Lily（太）
淺褐色（112）110g
針…5號棒針4枝
◎密度（10cm正方形）
花樣編A：40針・28段
花樣編B：30針・35段
◎尺寸
手掌圍20cm・長44.5cm

◎編織要點
※拇指孔收針方式請見p.29。
手指掛線起針，以輪編進行花樣編A。第10段
依織圖減針後，編織花樣編B。編織至120段，
在拇指孔位置的8針織入別線（參照p.28），繼

續編織20段。接著編織起伏針，收針段進行上
針的套收針（參照p.78）。
分別在拇指針目的上下方以棒針挑針，拆除別
線。接線後織套收針（參照p.29）。
☆左右手對稱編織。

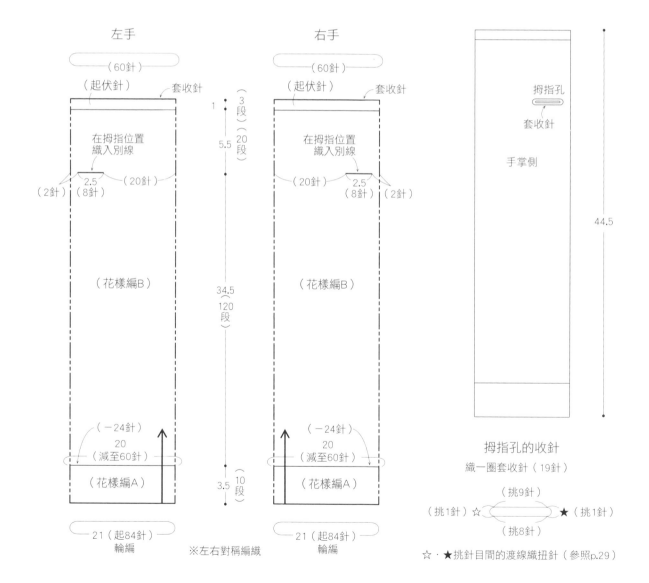

左手　　　　　　　右手

（60針）　　　　　　（60針）

（起伏針）　套收針　（起伏針）　套收針

1 3段

5.5（20段）

在拇指位置　　　　在拇指位置
織入別線　　　　　織入別線

2.5（20針）　　　（20針）2.5
（2針）（8針）　　　　（8針）（2針）

（花樣編B）　　　　（花樣編B）

34.5（120段）

（－24針）　　　　　（－24針）
20　　　　　　　　　20
（減至60針）　　　　（減至60針）

3.5（10段）

（花樣編A）　　　　（花樣編A）

21（起84針）　　　　21（起84針）
輪編　　　　　　　　輪編

※左右對稱編織

拇指孔
套收針

手掌側

44.5

拇指孔的收針
織一圈套收針（19針）

（挑9針）
（挑1針）☆　　　★（挑1針）
（挑8針）

☆・★挑針目間的渡線織扭針（參照p.29）

70

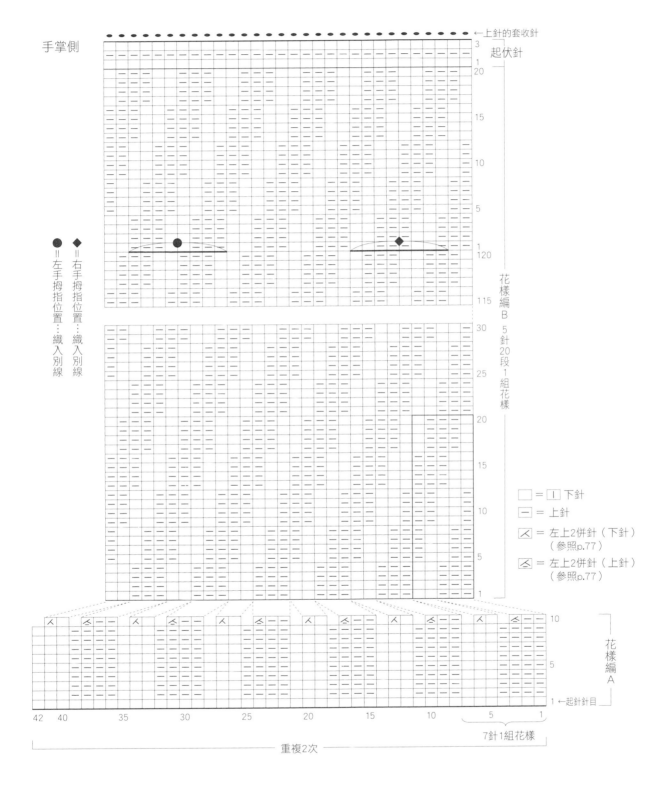

手掌側

←上針的套收針

起伏針

●＝左手拇指位置⋯織入別線
◆＝右手拇指位置⋯織入別線

花樣編B　5針20段1組花樣

□＝□下針

－＝上針

☒＝左上2併針（下針）
（參照p.77）

☒＝左上2併針（上針）
（參照p.77）

花樣編A

←起針針目

7針1組花樣

重複2次

U 毛茸環編腕套

page 27

◎工具&材料
線⋯Hamanaka Exceed Wool L《並太》（並太）灰色（328）60g
Hamanaka Alpaca Mohair Fine《漸層》（並太毛海）藍色系段染（110）30g
針⋯5號棒針4枝・鉤針5/0號
◎密度（10cm正方形）
織入圖案 A：22針・35段
　　　　B：24針・31段

◎尺寸
手掌圍20cm・手腕圍22cm・長22cm
◎編織要點
※環編織法請見p.31。
手指掛線起針，以輪編進行起伏針條紋a，編

織5段後將織片翻面，編織19段織入圖案A。再將織片翻回正面（線環出現在織片外側），織2段下針，接著編織二針鬆緊針後，進行織入圖案B與起伏針條紋b。收針段以鉤針織套收針與2針鎖針的結粒針（參照下圖）。

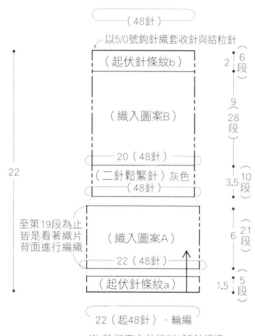

（48針）
以5/0號鉤針織套收針與結粒針

（起伏針條紋b）　2／6段

（織入圖案B）　9（28段）

20（48針）
（二針鬆緊針）灰色　3.5（10段）
（48針）

至第19段為止皆是看著織片背面進行編織

（織入圖案A）　6（21段）

22（48針）

（起伏針條紋a）　1.5（5段）

22（起48針）・輪編

22

※ 除指定之外皆以5號針編織。
※ 左右以相同方式編織。

套收針與2針鎖針的結粒針

① 鉤針由內往外穿入織片邊端針目，掛線。

② 掛線後鉤出，完成第1針套收針。

③ 鉤針由內往外穿入下一個針目。

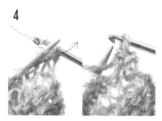

④ 掛線後鉤出，完成第2針套收針。

⑤ 鉤織2針鎖針，鉤針依箭頭指示挑起2條線。

⑥ 穿入鉤針的模樣。

⑦ 鉤針掛線鉤出，完成2針鎖針的結粒針。

⑧「重複步驟③、④，進行4針套收針後，編織步驟⑤、⑥的2針鎖針的結粒針」直到結束。

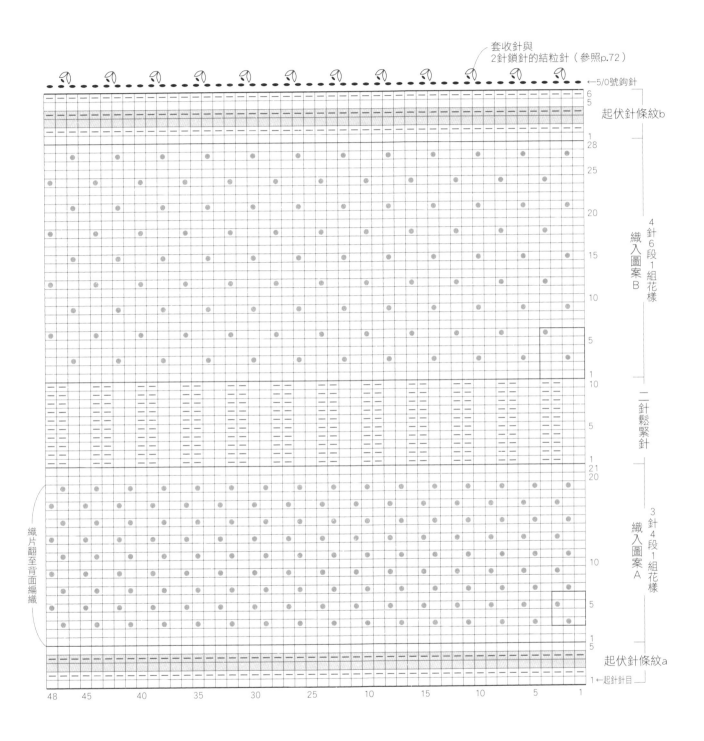

套收針與
2針鎖針的結粒針（參照p.72）

←5/0號鉤針

起伏針條紋b

4針6段1組花樣

織入圖案B

二針鬆緊針

織片翻至背面編織

3針4段1組花樣

織入圖案A

起伏針條紋a

←起針針目

□=｜下針
−=上針
配色　□=灰色
▨=藍色系段染
●=藍色系段染的環編（參照p.31）

棒針編織基礎

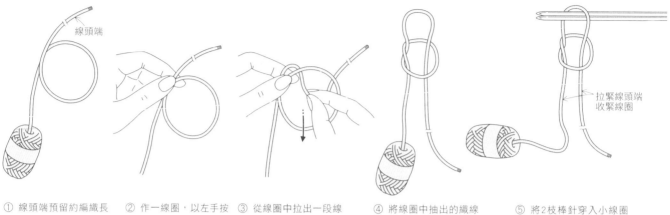

① 線頭端預留約編織長度3倍的線長。

② 作一線圈,以左手按住交叉點固定。

③ 從線圈中拉出一段線頭端的織線。

④ 將線圈中抽出的織線作成一個小線圈。

⑤ 將2枝棒針穿入小線圈中,下拉織線收緊線圈。

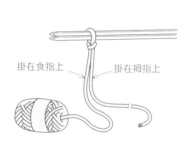

掛在食指上   掛在拇指上

⑥ 完成第一針。在左手拇指掛線頭端,食指掛線球端的織線。

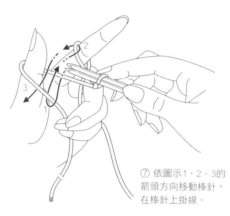

⑦ 依圖示1·2·3的箭頭方向移動棒針,在棒針上掛線。

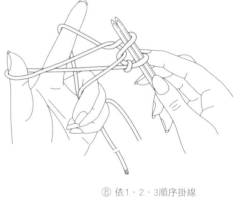

⑧ 依1·2·3順序掛線後的模樣。

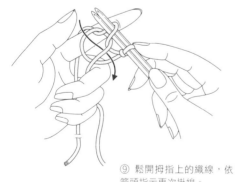

⑨ 鬆開拇指上的織線,依箭頭指示再次掛線。

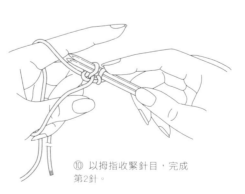

⑩ 以拇指收緊針目,完成第2針。

抽出一枝棒針。　➞

⑪ 完成必要的起針數之後,抽出一枝棒針。

別鎖起針法

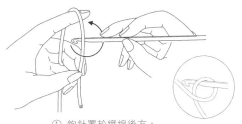

① 鉤針置於織線後方，依箭頭指示旋轉一圈，作出線圈。

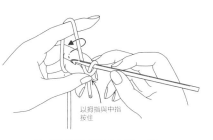

以拇指與中指按住

② 手指捏住線圈交叉點，鉤針依箭頭指示掛線。

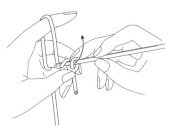

③ 掛線後，鉤針依箭頭指示鉤出織線。

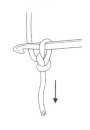

④ 鉤出織線後，下拉線頭收緊針目。

⑤ 重複鉤針掛線後鉤出織線的動作，鉤織多於必要針數的針目。

⑥ 最後，鉤針再次掛線後引拔。

挑別鎖裡山的起針法

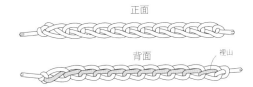

正面

背面   裡山

⑦ 從別鎖終點開始挑針，棒針穿入鎖針裡山，以編織線挑針。

⑧ 完成必要針數挑針的模樣。

別鎖起針的挑針

右端

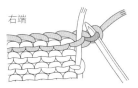

① 看著織片背面，將棒針穿入別線的鎖針裡山，鉤出線頭。

上拉

② 棒針穿入邊端針目後，再解開別線的鎖針。

左端

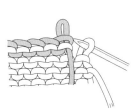

③ 解開1針的模樣。

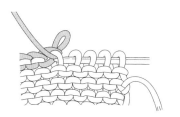

④ 一邊解開別線鎖針，一邊以棒針依序挑針。

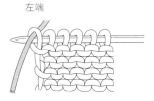

⑤ 最後一針直接以扭針形式挑針，抽出別線。

⑥ 完成挑針的模樣。

本書使用針法

下針
|

①織線置於外側，右棒針由內往外穿入針目。

②右棒針掛線後，往內側鉤出織線。

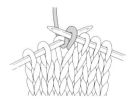

③鉤出織線的模樣。將左棒針滑出針目。

④完成下針。

上針
—

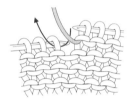

①織線置於內側，右棒針由外往內穿入針目。

②右棒針穿入針目的模樣。

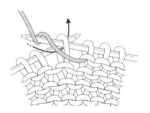

③右棒針往外鉤出織線後，將左棒針滑出針目。

④完成上針。

掛針
○

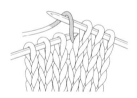

①織線由內往外掛在右棒針上。

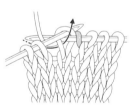

②編織下一針下針即可穩定針目。

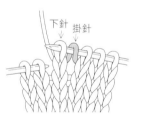

③完成掛針。

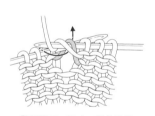

④編織下一段時，掛針的挑針方式同其他針目。

右上2併針
（下針）
[⟋]

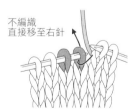

①右側針目不編織，直接移至右棒針上。

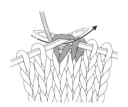

②左側針目織下針。

③將左棒針穿入移至右棒針的針目，覆蓋剛剛織好的針目。

④完成右上2併針。

76

左上2併針
（下針）

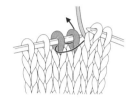

①右棒針依箭頭指示，從左側一併挑起2針目。

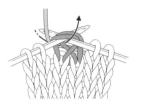

②右棒針從左側挑起2針目的模樣。

③2針一起織下針。

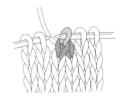

④完成下針的左上2併針。

左上2併針
（上針）

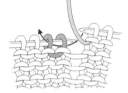

①右棒針依箭頭指示，從右側一併挑起2針目。

②右棒針從右側挑起2針目的模樣。

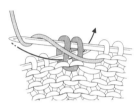

③2針一起織上針。

④完成上針的左上2併針。

右上3併針
（下針）

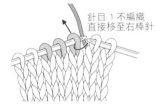

①右棒針由內往外穿入針目1，不編織直接移至右棒針上。

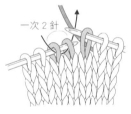

②右棒針依箭頭指示穿入下2針，2針一起織下針後，抽離左棒針。

③左棒針挑起先前移至右棒針的針目1，覆蓋剛織好的針目後滑出。

④完成右上3併針。

滑針
（下針）

織1段的情況

①●段織線置於外側，右棒針依箭頭指示由外側穿入針目。

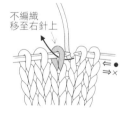

②完成滑針。接著編織下一針。

③滑針部分的渡線皆在外側。

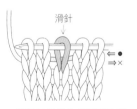

④下一段依記號圖挑針編織。

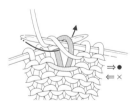

套收針
（下針）

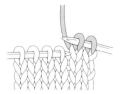
①邊端2針織下針。

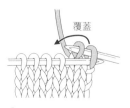
②以左棒針挑起第1針，套住第2針。

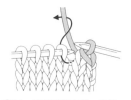
③下一針同樣織下針，再以步驟②的要領覆蓋針目。

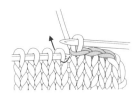
④重複「編織下針後覆蓋」的動作。

套收針
（上針）
●

①邊端2針織上針。

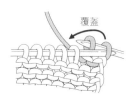
②以左棒針挑起第1針，套住第2針。

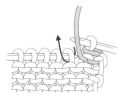
③下一針同樣織上針，再以步驟②的要領覆蓋針目。

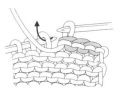
④重複「編織上針後覆蓋」的動作。

平面針併縫
兩織片皆
套收針的情況

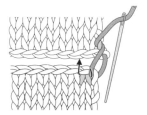
①由織片背面入針，挑縫沒有預留線段的織片，再穿入上方織片的起針針目。

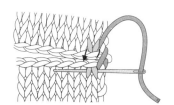
②縫針橫向穿入下方織片的針目，再依箭頭指示挑縫上方織片的針目。

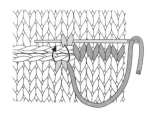
③下方織片挑縫針目的八字形織線，上方織片則挑縫針目的V字形織線。

引拔併縫

①兩織片正面相對，對齊後鉤針依箭頭指示穿入邊端2針目。

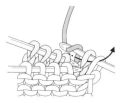
②鉤針掛線，依箭頭指示一次引拔2針目。

③完成引拔的模樣。

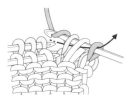
④以相同方式併縫下一針，鉤針穿入相對的2針目，掛線後一次引拔。

⑤重複步驟④，引拔最後一針後剪線，線頭穿入線圈後收緊。

一針鬆緊針的收縫
（往復編）
右端為2針下針
左端為1針下針時

起針段

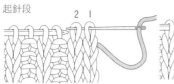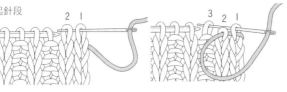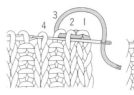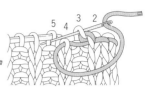

①縫針由內往外穿過針
目1，再由外往內穿過
針目2。

②縫針由內往外穿過針
目1與針目3。

③縫針由內往外穿過
針目2，再由外往內穿
過針目4（下針＆下
針）。

④縫針由外往內穿過針目
3，再由內往外穿過針目5
（上針＆上針）。

收針段

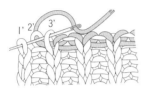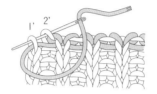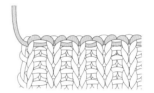

⑤重複步驟③、④直到左端。

⑥最後，縫針由外往內穿
過針目2'與針目1'。

⑦完成收縫。

一針鬆緊針的收縫
（輪編）

起針段

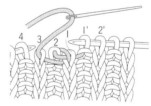

①縫針由外往內穿過針目1
（第1針下針），再由內往
外穿過針目2。

②縫針由內往外穿過針目1，
再由外往內穿過針目3後，適
度拉緊縫線。

③適度拉緊縫線的模樣。縫針
由外往內穿過針目2，再由內
往外穿過針目4。

④縫針由內往外穿過針目3，
再由外往內穿過針目5（下針
與下針）。重複步驟③與④。

收針段

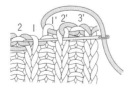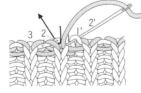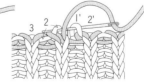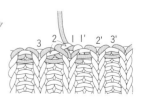

⑤縫針由內往外穿過針目
2'，再由外往內穿過（第1
針下針）（下針與下針）。

⑥縫針由外往內穿過針目
1'（上針），再由內往外
穿過針目2。

⑦縫針穿入針目1'與針目2的
模樣。縫針穿過針目1與針目
2三次。

⑧拉緊縫線，完成收縫。

79

【Knit・愛鉤織】56

經典花樣＆玩色北歐
棒針直線編的無指手套＆袖套

作　　者／日本VOGUE社◎編著
譯　　者／林麗秀
發 行 人／詹慶和
總 編 輯／蔡麗玲
執行編輯／蔡毓玲
編　　輯／劉蕙寧・黃璟安・陳姿伶・李宛真・陳昕儀
執行美編／周盈汝
美術編輯／陳麗娜・韓欣恬
出 版 者／雅書堂文化事業有限公司
發 行 者／雅書堂文化事業有限公司
郵撥帳號／18225950
戶　　名／雅書堂文化事業有限公司
地　　址／新北市板橋區板新路206號3樓
電　　話／（02）8952-4078
傳　　真／（02）8952-4084
電子郵件／elegantbooks@msa.hinet.net

2018年10月初版一刷　定價380元

TEAMI NO HAND & WRIST WARMER (NV70442)
Copyright © NIHON VOGUE-SHA 2017
All rights reserved.
Photographer: Yukari Shirai, Noriaki Moriya
Original Japanese edition published in Japan by NIHON VOGUE Corp.
Traditional Chinese translation rights arranged with NIHON VOGUE Corp.
through Keio Cultural Enterprise Co., Ltd.
Traditional Chinese edition copyright © 2018 by Elegant Books Cultural
Enterprise Co., Ltd.

經銷／易可數位行銷股份有限公司
地址／新北市新店區寶橋路235巷6弄3號5樓
電話／（02）8911-0825
傳真／（02）8911-0801

日文版Staff

書籍設計／葉田いづみ
攝影／白井由香里　森谷則秋（分解步驟）
造型設計／串尾広枝
模特兒／珠林陽子　小栗千尋
製圖／小林奈緒子
協力／岡本真希子　茂木三紀子
編排・製作／小林奈緒子
責任編輯／斎藤あつこ

design

岡まり子
岡本真希子
河合真弓
すぎやまとも
野口智子（eccomin）

攝影協力

AWABEES
UTUWA

國家圖書館出版品預行編目 (CIP) 資料

經典花樣＆玩色北歐：棒針直線編的無指手套＆袖套
／ 日本 VOGUE 社編著；林麗秀譯.
-- 初版 . -- 新北市：雅書堂文化，2018.10
　面；　公分 . -- (愛鉤織 ; 56)
譯自：手編みのハンド＆リストウォーマー
ISBN 978-986-302-453-8(平裝)

1. 編織 2. 手工藝

426.4　　　　　　　　　　　　　　107016178

HAND
AND
WRIST
WARMER

HAND
AND
WRIST
WARMER

HAND
AND
WRIST
WARMER

HAND
AND
WRIST
WARMER